液压识图
实例详解

宁辰校　张戌社　编著

化学工业出版社

·北京·

内 容 简 介

本书精选典型液压系统实例进行讲解，从识读液压系统图的一般方法入手，把各个系统进行了适当拆分，按照实际操作的顺序，对每一个实例由整体到局部再到整体进行深度剖析，在学习过程中有很强的带入感。

本书在形式上采用了独特的阀位涂灰、油路加粗的方法，使读图思路更清晰，更容易掌握具体的识读技巧，并且更容易举一反三，将所学到的方法运用到更复杂的液压系统图中去。另外，本书有针对性地给出了很多知识点，配合识图主旨，将理论巧妙地与实际结合起来，使读者对学习和使用两方面不再有割裂感。

本书可供从事液压传动及控制的初级工程技术人员及其他相关从业人员阅读，也可供大、中专院校及培训机构相关专业的师生参考。

图书在版编目（CIP）数据

液压识图实例详解/宁辰校，张戍社编著. —北京：化学工业出版社，2023.6
ISBN 978-7-122-43154-7

Ⅰ.①液…　Ⅱ.①宁…　②张…　Ⅲ.①液压传动-识图　Ⅳ.①TH137

中国国家版本馆 CIP 数据核字（2023）第 048061 号

责任编辑：张燕文　黄　滢　　　　　　　　装帧设计：刘丽华
责任校对：王　静

出版发行：化学工业出版社（北京市东城区青年湖南街 13 号　邮政编码 100011）
印　　装：高教社（天津）印务有限公司
787mm×1092mm　1/16　印张 12　字数 272 千字　2023 年 6 月北京第 1 版第 1 次印刷

购书咨询：010-64518888　　　　　　　　售后服务：010-64518899
网　　址：http://www.cip.com.cn

　　液压传动广泛应用于机械制造、石油化工、汽车、船舶、军工和各类自动化智能装备等行业中，在现代科学技术发展中占有非常重要的地位，是当代工程技术人员所应掌握的重要基础技术。液压系统图通过连线把液压元件的图形符号连接起来，用来描述液压系统的组成及工作原理。在液压传动技术的学习、交流和使用过程中，都离不开液压系统图，因此，能够准确而快速地识读液压系统图，正确理解和掌握液压系统的基本构成及工作原理，无论对于初学者还是相关从业人员都是十分重要的。

　　在本书编写过程中，按照结构典型、概念准确、分析透彻、理论联系实际的原则，追求基础性、系统性、先进性和实用性的统一，力求全书点面结合，既突出液压系统识图实例的重点，又尽可能全面地介绍液压传动的基本理论和基础知识。

　　全书共8章，第1章概述部分重点介绍了液压系统的类型和液压系统图的识读方法及步骤；第2~8章对精选的7个典型液压系统进行了全面、详实的分析与解剖。这些典型系统既有追求速度控制的组合机床动力滑台液压系统，也有强调压力控制的液压机液压系统，还有多缸动作的液压挖掘机、工业机械手、汽车起重机液压系统等。

　　本书可供从事液压传动及控制技术的工程技术人员及其他相关从业人员参阅，也可作为大、中专院校相关专业的教学参考书。

　　本书由宁辰校、张戍社编著。由于水平所限，书中疏漏之处在所难免，恩请广大读者批评指正。

编著者

目录

第5章 液压挖掘机液压系统分析 / 87

第 7 章　电弧炼钢炉液压系统分析 / 137

第8章　塑料注射成型机液压系统分析 / 157

概述

液压传动技术广泛应用于机械制造、工程机械、冶金机械、矿山机械、建筑机械、农业机械、轻工机械、航空航天等领域。由于液压系统所服务的主机的动作循环、动作特点等各不相同，相应的各液压系统的组成、作用和特点也不尽相同。任何一个液压系统，无论它所要完成的动作有多么复杂，总是由一些液压基本回路组成的。液压基本回路是由一些液压元件组成的，用来完成特定功能的油路结构。液压系统图由用图形符号表示的各类液压元件组成，用来描述液压系统的组成及工作原理。通过对典型液压系统图的阅读和分析，能够进一步加深对各种基本回路和液压元件的综合应用的理解，为液压系统的调整、维护和使用打下基础。

为了正确而又迅速地阅读液压系统图，要很好地掌握液压传动的基础知识，熟悉液压元件的标准图形符号；熟悉各类液压元件的工作原理、功能和特性，掌握液压传动系统各种基本回路的组成、工作原理及基本性质；还要对液压控制系统有比较深入的了解。

1.1 液压系统的分类

液压系统种类繁多，在识读液压系统图时，首先要分辨清楚系统图的类型。液压系统一般为不带反馈的开环系统，这类系统以动力传递为主，以信息传递为辅，追求传动特性的完善，系统的工作特性由各组成元件的特性和它们的相互作用来确定，其工作质量受工作条件变化的影响较大。

液压系统可按照油液循环方式、液压能源组成形式、系统回路组合方式等进行分类。

（1）按油液循环方式分类

液压系统按照工作油液循环方式的不同，可分为开式系统和闭式系统。

① 开式系统　常见的液压系统大部分都是开式系统。开式系统液压泵从油箱吸取油液，经换向阀进入执行元件（液压缸或液压马达），执行元件的回油返回油箱，工作油液在油箱中冷却及分离沉淀杂质后再进入工作循环，循环油路在油箱中断开。开式回路的结构简单、散热性能较好，但回路的结构相对较松散，空气和脏物容易侵入系统。

图 1-1 所示为变量泵-液压缸组成的开式系统，系统正常工作时溢流阀处于关闭状态，

作安全阀用。

　　② 闭式系统　工作时，管路中的绝大部分油液在系统中被循环使用，只有少量的液压油通过补油液压泵从油箱中吸取送入系统中，实现系统油液的降温、补油。闭式回路的结构紧凑，回路的封闭性能好，空气与脏物较难进入，但回路的散热性能较差，要配有专门的补油装置进行泄漏补偿，置换掉一些热油，以维持回路的流量和温度平衡。

　　图1-2所示为变量泵-定量马达等组成的闭式系统。系统中高压管路上溢流阀4作为安全阀使用，防止回路过载；低压管路上并联一低压小流量的辅助泵1，用来补充变量泵3和定量马达5的泄漏量，辅助泵的供油压力由低压溢流阀6调定；辅助泵1与溢流阀6使回路的低压管路始终保持一定压力，不仅改善了主泵的吸油条件，而且可置换部分发热油液，降低系统温升。

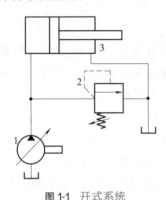

图1-1　开式系统

1—单向变量泵；2—溢流阀；3—单杆活塞缸

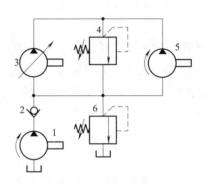

图1-2　闭式系统

1—单向定量泵；2—单向阀；3—单向变量泵；
4,6—溢流阀；5—单向定量马达

　　(2) 按液压能源组成形式分类

　　① 定量泵-溢流阀恒压能源系统　液压系统为获得恒压，大多使用这种回路（图1-3）。这种回路能量损耗大、效率低，只用于中小功率的液压系统中。为了改善执行元件不工作时的能源损耗情况，采用M、H、K型中位机能的换向阀，当执行元件不工作时，液压泵输出的油液经换向阀直接排回油箱，能量损耗减至最小。在执行元件速度和压力变化都很大的液压系统中，采用定量泵-溢流阀恒压能源系统显然是不合理的。

　　② 定量泵-旁通型调速阀液压能源系统　图1-4所示为定量泵-旁通型调速阀的压力适应回路，液压泵的工作压力不是由通常的定压溢流阀控制，而是由旁通型调速阀控制。旁通型调速阀将多余的油液排回油箱，仅供负载需要流量（由旁通型调速阀中的节流阀调定）。液压泵的工作压力能自动随负载压力而变化，始终比负载压力高一恒定值，故称压力适应回路，回路效率大为提高。

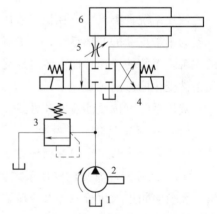

图1-3　定量泵-溢流阀恒压能源系统

1—油箱；2—单向定量泵；3—溢流阀；4—电磁换向阀；5—节流阀；6—单杆活塞缸

③ 双泵高低压系统　如图1-5所示，在系统中用低压大流量泵1和高压小流量泵2组成的双联泵作动力源，卸荷阀（外控顺序阀）3和溢流阀5分别设定双泵供油和小流量泵2供油时系统的最高工作压力。当换向阀6处于图示位置，由于空载时负载很小，系统压力很低，如果系统压力低于卸荷阀3的调定压力时，阀3处于关闭状态，低压大流量泵1的输出流量顶开单向阀4，与泵2的流量汇合，双泵同时向系统供油，活塞快速向右运动，此时尽管系统的流量很大，但由于负载很小，系统的压力很低，所以系统输出的功率并不大。当换向阀6处于右位时，由于节流阀7的节流作用，造成系统压力达到或超过卸荷阀3的调定压力，使阀3打开，

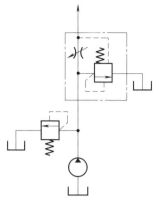

图1-4　定量泵-旁通型
调速阀液压能源系统

导致大流量泵1经过阀3卸荷，单向阀4自动关闭，将泵2与泵1隔离，只有小流量泵2向系统供油，活塞慢速向右运动，溢流阀5处于溢流状态，保持系统压力基本不变，此时只有高压小流量泵2在工作。大流量泵1卸荷，减少了动力消耗，系统效率较高。

④ 多泵分级流量（不同流量）供油系统　对于多泵分级流量供油系统，一般包括三台或三台以上的定量泵。同双泵系统一样，一种方案是电动机驱动一组相同流量的定量泵，根据系统压力来自动切换向系统供油的定量泵数量，达到恒功率输出的目的，充分利用电动机功率，如图1-6所示。

如果三台定量泵的流量不等，并在各泵出口分别控制加压或卸荷，以不同的组合可以获得多级流量，其结构原理如图1-7所示，为液压系统数字控制提供了方便。

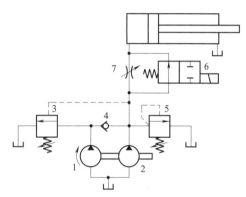

图1-5　双泵高低压系统
1—低压大流量泵；2—高压小流量泵；
3—卸荷阀；4—单向阀；5—溢
流阀；6—换向阀；7—节流阀

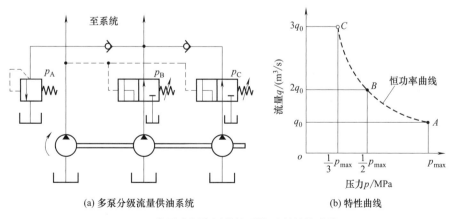

(a) 多泵分级流量供油系统　　　　(b) 特性曲线

图1-6　多泵分级流量供油系统及其特性曲线

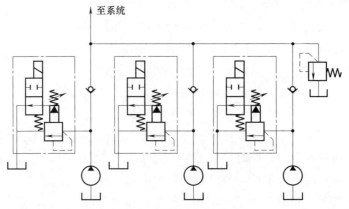

图 1-7 多泵不同流量供油系统

⑤ 定量泵-蓄能器供油系统 对于工作周期长、执行元件间歇运转的液压机械，用定量泵-蓄能器供油方案是可行的，如图 1-8 所示。当执行元件不工作或低速运转时，蓄能器把液压泵所输出的压力油储存起来，蓄能器内压力升高到某一调定值，使卸荷溢流阀打开 [图 1-8 (a)]，或压力继电器发信使电磁溢流阀卸荷 [图 1-8 (b)]，液压泵输出油液通过溢流阀无压流回油箱，液压泵处于卸荷状态，单向阀把充压的蓄能器和卸荷的液压泵隔开。执行元件需要高速运动时，液压泵和蓄能器同时向系统供油，这样只需选用流量较小的液压泵，降低装机的功率，减少能量的消耗。

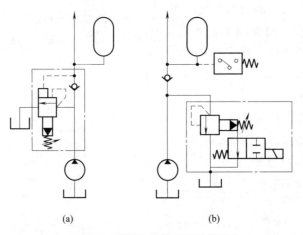

(a)   (b)

图 1-8 定量泵-蓄能器供油系统

⑥ 压力补偿变量泵液压能源系统 如图 1-9 所示，用压力补偿变量泵作液压能源，低压时变量泵输出大流量，随着负载压力的增高，变量泵的输出流量减少（变量泵的输出流量取决于负载的需要）。该回路因效率高、经济而被广泛采用。这种系统可以替代图 1-5 所示的双泵系统，但采用一台大流量变量泵成本较高，而且在外界不需流量时，大流量变量泵在最高压力和零排量时，空载功率损失要超过大流量定量泵卸荷时的损失。较经济和节能的解决方法是用一台小流量变量泵和大流量定量泵协同工作，代替两台不同流量的定量泵。

⑦ 负载敏感变量泵液压能源系统 图 1-10 所示为由负载敏感阀 2 和变量泵 1 组成的

负载敏感回路。在这种回路中，通过负载敏感阀将可调节流阀 3 检测出来的负载压力反馈给变量泵，自动控制变量泵的输出流量，使变量泵的输出流量和压力均与负载需要相适应。大功率液压系统采用负载敏感变量泵液压能源，无论负载压力还是流量在较宽范围内变化，输入功率始终适应于较小功率，因此节约的能源是相当可观的。

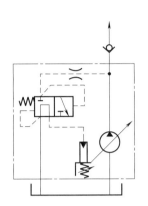

图 1-9　压力补偿变量泵液压能源系统

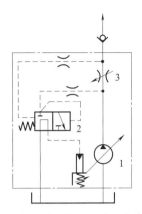

图 1-10　负载敏感变量泵液压能源系统
1—变量泵；2—负载敏感阀；3—可调节流阀

（3）按系统回路组合方式分类

按系统回路组合方式分有并联系统、串联系统、串并联系统和复合系统。在同一个液压系统中，当液压泵向两个或两个以上执行元件供油时，各执行元件回路有以下几种连接方式。

① 并联系统　如图 1-11 所示，液压泵排出的高压油液同时进入三个执行元件，各执行元件的回油同时流回油箱。并联系统中，液压泵的输出流量等于进入各执行元件流量之和，而泵的出口压力则由外载荷最小的执行元件决定。当两个执行元件同时启动时，油液首先进入外载荷小的元件，而且系统中任一执行元件的载荷发生变化时，都会引起系统流量重新分配，致使各执行元件的运动速度也发生变化。所以，这种系统只适用于外载荷变化较小、对执行元件的运动速度要求不严格的场合。

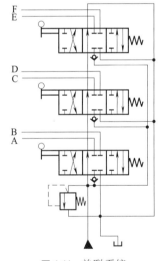

图 1-11　并联系统

② 串联系统　在两个及两个以上的执行元件中，除第一个执行元件的进口和最末一个执行元件的出口分别与液压泵和油箱相连外，其余执行元件的进、出油口依次顺序相连，如图 1-12 所示。在相同的情况下，串联系统中液压泵的工作压力应比并联系统大，而流量应比并联系统小。串联系统适用于负载不大、速度稳定的小型设备。

应当指出，液压缸和液压马达不能混合串联，因为液压缸的往复间歇运动会影响液压马达的稳定运转。

③ 串并联系统　各个系统的换向阀之间进油路串联、回油路并联，如图 1-13 所示。该系统的特点是各个执行元件的动作是按顺序进行的，当前一个执行元件工作时，后面几

个执行元件的供油被截断，无法动作。由于每次只能有一个执行元件动作，每个执行元件都能以最大的能力工作，但不能实现多个动作的复合，因此工作效率不高。

④ 复合系统　如果一个液压系统同时采用上述连接方式中的两种或三种，则该系统称为复合系统。有些液压设备动作比较复杂，每个工作机构各有不同的动作特点，为了使各个工作机构能够更好地配合，尽量发挥系统的效能，提高生产率，很多液压设备的液压系统采用复合方式连接。

某液压挖掘机液压系统的连接关系如图 1-14 所示，该液压挖掘机液压系统由动臂、斗杆、回转和行走四个液压子系统组成。其中，动臂、斗杆和行走子系统之间采用串联方式，表明这三个子系统可以同时动作，从而提高工作效率，而回转子系统与其他子系统之间采用顺序动作方式，即回转马达工作时，其他油路被切断，子系统不能工作，这样可以防止其他油路的高压油作用到马达的回油口，从而使马达的输出转矩大大减小，甚至不能驱动负载转动。

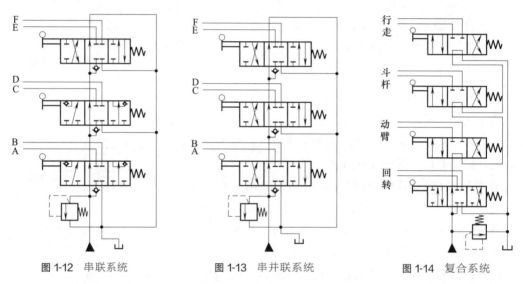

图 1-12　串联系统　　　　图 1-13　串并联系统　　　　图 1-14　复合系统

1.2　识读液压系统图的方法及步骤

（1）液压系统图的识读方法

在识读设备的液压系统图时，可以运用以下一些基本方法。

① 根据液压系统图的名称，液压系统所要完成的任务，或图上所附的动作循环图及电磁铁动作顺序表，可以估计该液压系统实现的动作循环，所需具有的特性或应满足的要求。当然这种估计不会是全部准确的，但往往能为进一步读图打下一定的基础。

② 在查看液压系统图中所有的液压元件及其连接关系时，要弄清楚各个液压元件的类型和规格，要特别弄清它们的工作原理和性能，估计它们在系统中的作用。

在分析液压元件时，首先找出液压泵，其次找出执行元件（液压缸或液压马达），再次找出各种控制元件及变量机构，最后找出辅助元件。要特别注意各种控制元件（尤其是换向阀、顺序阀等）、变量机构的工作原理、控制方式及各种发信元件（如挡块、行程开关、压力继电器等）的内在关系。

③ 对于复杂的液压系统图，在分析执行元件实现各种动作的同时，最好从液压泵开始到执行元件，将各液压元件及各油路分别编码表示，以便简要画出油路。

在分析油路走向时，应首先从液压泵开始，并将每台液压泵的各条油路的“来龙去脉”弄清楚，其中要着重分析驱动执行元件的油路，即主油路及控制油路。画油路时，要按每一个执行元件来画，液压泵→执行元件→油箱形成一个循环。

液压系统有各种工作状态，在分析油路时，可首先按图面所示状态进行分析，然后分析其他工作状态。在分析每一工作状态时，首先要分析换向阀和其他一些控制元件（启停阀、顺序阀、先导式溢流阀等）的通路状态和控制油路的通路情况，然后分别分析各个主油路。要特别注意液压系统中的一个工作状态转换到另一个工作状态，是由哪些元件发出信号的，是使哪些换向阀或其他控制元件动作改变通路状态而实现的。对于一个动作循环，应在一个动作的油路分析完以后，接着进行下一个油路动作的分析，直到全部动作的油路分析依次进行完为止。

（2）液压系统图的识读步骤

掌握了一些基本识图方法后，在阅读、分析液压系统图时，可以按以下几个步骤进行。

① 了解液压设备的任务以及完成该任务应具备的动作要求和特性，即弄清任务和要求。

② 在液压系统图中找出实现上述动作要求所需的执行元件，并搞清其类型、工作原理及性能。

③ 找出系统的动力元件，并弄清其类型、工作原理、性能以及吸、排油情况。

④ 理清各执行元件与动力元件的油路联系，并找出该油路上相关的控制元件，弄清其类型、工作原理及性能，从而将一个复杂系统分解成单独的子系统。

⑤ 分析各个子系统由哪些基本回路组成，每个元件在回路中的功用及其相互间的关系，实现各执行元件的各种动作的操作方法，弄清油液流动路线，找出进、回油路线，从而弄清各子系统的基本工作原理。

⑥ 分析各子系统之间的关系，如动作顺序、互锁、同步、防干扰等，搞清这些关系是如何实现的。

⑦ 分析液压系统中的典型元件，包括功用、类型、结构原理、性能参数、应用场合及优缺点等。理论联系实际，加深对液压传动基础知识和基本理论的理解和掌握。

⑧ 找出构成整个液压系统的基本回路，深入分析这些基本回路的组成、功能、类型、特点及在本系统中的作用等。为使用、维护进而设计同类液压系统打下坚实的基础。

⑨ 总结归纳出系统的特点，进一步加深对系统的理解。

1.3 了解系统和初步分析

1.3.1 了解系统

在对给定的液压系统图进行分析之前，对被分析系统的基本情况进行了解是十分必要的，例如了解系统要完成的工作任务、要达到的工作要求以及要实现的动作循环。

（1）了解系统的工作任务

液压设备在不同应用场合下的工作任务如下。

① 农牧渔：完成操纵机构的升降、折叠、回转，轮式机械的转向和行走驱动。

② 冶金和建材：完成轧制、锻打、挤压、送料等任务。

③ 交通运输：完成行走驱动、转向、摆舵、减振等任务。

④ 金属加工机床：完成铸造、焊接以及车、铣、刨、磨等机械加工任务。

⑤ 工程机械：完成搬运、吊装、挖掘、清理等任务以及实现行走驱动和转向。

⑥ 国防军事：完成跟踪目标、转向、定位、行走驱动等任务。

（2）了解系统的工作要求

对于所有的液压系统，设计或使用过程中应能满足一些共同的工作要求，例如系统效率高、节能、安全可靠、稳定性好、自动化程度高等。同时，不同的应用场合对液压设备或系统也提出了不同的工作要求，例如组合机床液压系统要完成工件的高精度、高效率的加工，因此就要求液压系统能够以稳定的速度进给，实现循环往复的动作。了解组合机床的这些工作要求后，才能够进一步分析组合机床的液压系统图。

不同的应用场合对液压系统的工作要求如下。

① 农牧渔：工作效率高，能量消耗少，具有一定的自动化程度，对农牧渔业产品的损害少。

② 冶金和建材：输出力大，控制精度高，适应高温、多尘的环境。

③ 交通运输：体积小、重量轻、效率高。

④ 金属加工机床：能够实现自动循环，工作效率高，调速性能好，系统效率高。

⑤ 工程机械：占用空间少，效率高，发热少，安全性高，动作灵活，易于操纵，能够实现遥控操作。

⑥ 国防军事：控制精度高，响应速度快，可靠性高。

（3）了解系统的动作循环

不同的工作任务要求液压系统能够完成不同的动作循环，了解液压系统要完成的动作循环是分析液压系统图的关键，只有了解液压系统的动作循环才能依据动作循环，分析各个动作过程中系统的工作原理。

如果液压系统要完成的动作循环比较复杂，则往往把动作循环用动作循环图的形式表示，例如组合机床动力滑台液压系统的动作可以表示为图 1-15 所示的动作循环图，并且为了便于阅读液压系统图，通常把这一动作循环图与液压系统图绘制在一起。如果液压系统图中没有给出动作循环图，可根据液压系统的工作任务推测出系统所要完成的动作循

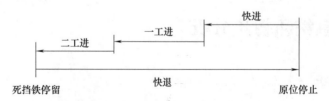

图 1-15 组合机床动力滑台液压系统动作循环图

环，或者查找有关资料，从同类系统的动作循环推测出该系统的动作循环。

往往同类设备要完成的动作循环是相似的，待分析的液压设备有可能不需要完成同类液压设备动作循环的所有环节，而只需完成其中的某些环节，因此需根据具体的液压系统图进行分析。

1.3.2　初步分析

（1）浏览整个系统

浏览整个系统的目的是确定液压系统的组成元件，根据系统的组成元件初步确定组成液压系统的基本回路。浏览整个系统图后，可以把组成液压系统的所有元件按照动力元件、执行元件、控制元件以及辅助元件的顺序列写出来。如果液压系统的组成元件个数和种类较多，可以先把整个系统图分解成若干模块或元件组，然后再按照元件的种类分别列写各个模块的组成元件。分解的原则是尽可能把同一类元件划分在一个元件组中，例如可以把变量泵变量控制系统中的所有元件与变量泵划为一个元件组。有时复杂的液压系统图中有可能已经把元件划分成不同的模块，此时也可按照已经划分好的模块列写各个模块的组成元件。

列写组成元件的目的是明确待分析的液压系统图中哪些元件是熟悉的元件，哪些是不熟悉的或不常用的元件。

尽量弄清所有元件的功能及工作原理，以便根据系统的组成元件对复杂的液压系统进行分解，把复杂系统分解为多个子系统。对液压系统图中的所有元件进行编号，以便根据元件编号给出液压系统图的分析说明及各子系统的进油和回油路线。

（2）分析各个元件

明确液压系统的组成元件后，应仔细分析各液压元件之间的相互联系，弄清各液压元件的类型、功用、性能甚至规格，重点分析不熟悉的元件和专用元件。液压元件的类型和功用容易从给出的液压系统图中分析得到，而液压元件的性能和规格有时无法直接从液压系统图中搞清楚，有可能还要参考其他文件。

分析各组成元件的功用时，如果有用半结构示意图表示的专用液压元件，应首先分析该元件的工作原理和用途，再分析动力元件、执行元件、控制元件及变量机构，最后分析辅助元件。这也是识图方法中"先看两头、后看中间""先看主回路、后看辅助回路"的原则，"两头"是指回路两端的动力元件和执行元件，"中间"是指动力元件和执行元件之间的控制元件。

对于熟悉的液压元件可根据该元件的工作原理分析其在系统中的用途。对于不熟悉的专用元件，可查阅有关资料，搞清该元件的工作原理和用途。

在液压系统图中，动力元件和执行元件的图形符号往往是熟悉的，容易识别，而各种液压阀及液压辅助元件的图形符号有可能是不熟悉的。但各种阀及辅件的图形符号与其工作原理和用途之间存在一定的规律，按照这一规律就能推断出液压元件的功能。

例如国家标准规定的液压溢流阀的图形符号（图1-16），其中方框①表示溢流阀的阀体，箭头②表示溢流阀的阀芯，折线③表示溢流阀的调压弹簧，虚线④表示溢流阀的控制油路，实线⑤表示溢流阀的进油口，符号⑥表示溢流阀的出油口直接接油箱。

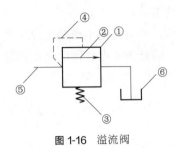

图 1-16 溢流阀

图 1-16 中代表阀芯的箭头与进油路线和回油路线不在同一条直线上，表示溢流阀阀芯处于使溢流阀关闭的位置，溢流阀的控制油与弹簧同时作用在溢流阀阀芯的两侧，控制油是从溢流阀的进油口引出的，因此溢流阀的开启由进口压力控制。当进口压力达到溢流阀调压弹簧的调定压力时，溢流阀阀芯上端控制油液产生的作用力大于下端弹簧的作用力，此时溢流阀阀芯处于使溢流阀的进、出油口连通的位置，表示溢流阀开启。

再如国家标准规定的三位四通手动换向阀图形符号（图 1-17），有如下规律。

① 用方框表示阀的工作位置，有几个方框就表示有几"位"。

② 方框内的箭头表示油路处于接通状态，但箭头方向不一定表示液流的实际方向。

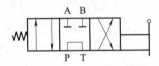

图 1-17 三位四通手动换向阀

③ 方框内符号"⊥"或"⊤"表示该油路不通。

④ 方框外部连接的接口数有几个，就表示几"通"。

⑤ 一般，阀与系统供油路连接的进油口用 P 表示；阀与系统回油路连接的回油口用 T（有时用 O）表示；阀与执行元件连接的油口用 A、B 等表示。有时在图形符号上用 L 表示泄漏油口。

⑥ 换向阀都有两个或两个以上的工作位置，其中一个为常态位，即阀芯未受到操纵力时所处的位置。图形符号中的中位是三位阀的常态位。利用弹簧复位的二位阀则以靠近弹簧的方框内的通路状态为其常态位。绘制系统图时，油路一般应连接在换向阀的常态位上。

如图 1-17 所示，当操纵手柄使阀芯向右移动时，换向阀工作在左位，P 口接 A 口，B 口接 T 口；当操纵手柄使阀芯向左移动时，换向阀工作在右位，P 口接 B 口，A 口接 T 口；当手柄不动作时，在弹簧作用下，阀工作在中位，该阀的中位机能为 M 型机能。

可见，从图 1-16 中溢流阀的图形符号和图 1-17 中换向阀的图形符号能够推断出溢流阀和换向阀的结构特征和工作原理。同样，其他种类的液压阀也都能根据图形符号推断出其结构特征和工作原理。

1.4 系统分解并分析子系统

1.4.1 分解液压系统

将复杂的液压系统分解成多个子系统，然后分别对各个子系统进行分析，是阅读液压系统图的重要方法和技巧，也是使液压系统图的阅读条理化的重要手段。

（1）子系统的划分方法

由多个执行元件组成的复杂液压系统主要依据执行元件的个数划分子系统，如果液压油源的结构和组成复杂，也可以把液压油源单独划分为一个子系统。只有一个执行元件的液压系统可以按照组成元件的功能划分子系统，此外结构复杂的子系统有可能还需要进一步被分解成多个下一级子系统。总之，应使液压系统图中所有元件都能被划分到某一个子系统中。

① 按照执行元件个数划分子系统的方法是把为同一个执行元件服务的所有元件划为一个子系统，有时系统中某些元件可能同时为多个子系统服务，可以把这个元件同时放到多个子系统中，在分析子系统工作原理时均分析该元件的作用。液压油源可以重复出现在所有子系统中，也可以在各个子系统中省略，当油源单独成为子系统时，则油源不应再出现在子系统中。

② 油源单独划分为子系统。如果液压系统的供油只由一台定量液压泵供给，则液压系统的油源结构简单，不需要单独分析油源的工作原理。但往往液压系统的油源组成结构复杂，由一台或多台液压泵供油，或液压泵的变量方式复杂，此时可以在根据执行元件划分子系统的基础上，再把油源单独作为一个子系统进行分析，分析油源的工作原理或变量方式及变量特性。

液压系统的变量泵是在变量控制系统的控制下实现变量的，由变量泵供油的液压系统，能够实现恒压、恒流量以及恒功率等变量特性。例如图 1-18 中的变量泵变量控制系统由变量活塞、变量控制阀以及单向阀组成，能够实现恒功率的变量特性，在划分子系统时，可以把由该变量泵组成的油源划分为一个子系统单独进行分析。

如图 1-19 所示，双泵供油的液压油源在系统的不同工作阶段具有不同的工作特点，因此在划分子系统时，也最好把这一油源单独划分为一个子系统进行分析。

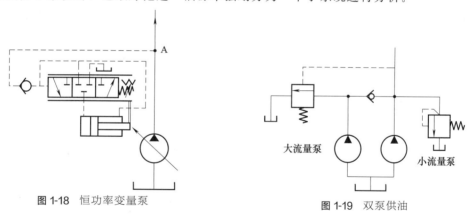

图 1-18　恒功率变量泵　　　　　　　　图 1-19　双泵供油

③ 单个执行元件组成的系统划分子系统以及子系统中再划分子系统。在分析由单个执行元件组成的复杂液压系统或结构复杂的液压子系统时，可根据液压系统或子系统中元件的功能对液压系统或子系统进一步分解，再根据元件的功能把整个系统归结为多个基本回路，根据基本回路的工作原理及特点进行分析。

（2）子系统的命名

子系统的个数和各子系统的组成结构确定后，应对各子系统进行命名，从而有利于子系统的分析和记录，尤其有利于分析各子系统之间的连接关系。在对各子系统进行命名时，最好根据各子系统在整个液压系统中的作用、特点及功能进行命名，可以使用中文名称进行命名，也可以使用汉语拼音首字母进行命名，还可以用数字方式进行命名。

1.4.2 整理元件、简化油路和绘制子系统图

（1）整理元件

对液压系统图中的各元件进行整理时，主要应考虑去掉对系统工作原理影响不大的元件，合并重复出现的元件或元件组，用少量简单的元件符号代替多个复杂的元件符号。

在液压系统图中，有些元件只起辅助作用，对整个系统的动作原理影响不大，此时可以考虑先记录下该类元件所起的辅助作用，然后删除这类元件，使系统图尽可能简化。液压系统中的辅助元件，例如过滤器、冷却器等，往往对系统动作原理的分析不产生影响，因此可以去掉该类元件，而只记录该液压系统具有油液过滤和冷却的功能即可。辅助元件中的压力表及压力表开关也往往可以在系统分析过程中省略，而油箱则通常不能省略，蓄能器的省略与否要根据具体情况进行具体分析，往往蓄能器作辅助油源时则不能省略。某些控制元件，例如安全阀、背压阀等，虽然是系统的重要组成元件，但在系统动作原理分析过程中影响不大，往往也可以省略，而只记录该系统具有安全保护的功能和回油背压的功能即可。

（2）简化油路

待分析的液压系统图往往油路复杂交错，因此有必要对复杂的液压系统图进行简化，以提高液压系统图阅读的准确性和快速性。在对系统图进行整理时，首先对油路进行整理，然后对元件进行简化，并对整个系统图的绘制方法进行变换。

为了将系统图绘制得整齐、美观，在待分析的液压系统图中往往把所有的供油线和回油线连到一条总的供油线或是一条总的回油线上，这样就使液压系统图的油路交错，关系复杂，不易分析。为使复杂的液压系统图简单明了、易于阅读，通常采用缩短油路连线、拆分油路连线、合并油路连线或删除某些油路连线等方法，使复杂的液压系统图得到简化。

如图1-20（a）所示，如果缩短三个支回路各操纵阀的回油线，使各操纵阀的回油单独回油箱，如图1-20（b）所示，则系统图的油路连线交叉少，易于阅读。

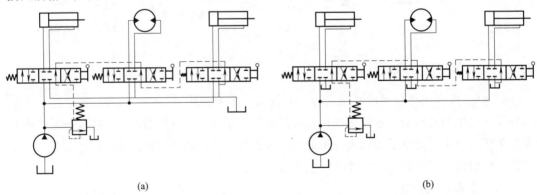

（a）　　　　　　　　　　　　　　　　　　　（b）

图1-20　简化油路连线的方法

（3）绘制子系统图

绘制子系统图能够使子系统的划分更加明确，防止后续分析中出现元件丢失、各子系统之间元件混淆等问题。绘制子系统图时，应把从液压油源到各执行元件之间的所有元件

都绘制出来，形成一个完整的液压回路，这样对后续子系统的工作原理分析更加有利。若有些元件同时在若干子系统中起作用，在绘制子系统图时，应把该元件绘制在所有包含该元件的各子系统中。

1.4.3 分析子系统

对各子系统进行工作原理及特性分析是液压系统图分析的关键环节，只有分析清楚各子系统的工作原理，才能分析清楚整个液压系统的工作原理。对各子系统进行分析包括分析子系统的组成与工作原理，确定子系统动作过程及功能，绘制各个动作过程的油流路线图，列写进、出回路油流路线以及填写电磁铁动作顺序表等。

（1）分析子系统的组成与工作原理

对子系统的组成结构进行分析，是在前述步骤中粗略分析整个液压系统图组成元件的基础上，根据具体工作机构和子系统，分析各组成元件的功能及原理，确定构成子系统的基本回路，进而结合基本回路知识，对子系统进行工作原理的分析。

如图 1-21 所示，根据液压元件图形符号可知，该液压子系统由液压缸 1、换向阀 2 和平衡阀 3 组成。平衡阀使液压系统形成平衡回路，用于有垂直下降工况的液压系统中，防止负载由于自重而超速下降或平衡负载。

（2）确定子系统的动作过程及功能

在图 1-21 所示的液压子系统中，控制元件主要是平衡阀，因此该子系统的基本回路属于平衡回路，进而可以推断该液压子系统的执行元件需要驱动有垂直下降工况的负载。从换向阀的三个工作位置能够确定液压缸的动作过程。当换向阀换向到左、右及中间三个工作位置时，液压缸活塞分别能够实现下行、上行以及停止的动作。此外，当换向阀处于中位时，液压泵直连油箱，此时液压泵能够实现卸荷。因此，该子系统还具有使液压泵卸荷的节能功能。

（3）绘制油流路线图

绘制油流路线图时，可以在子系统图的基础上，把油流路线用加粗的线条表示，液压油的流向用箭头表示（也可省略）。

以图 1-21 所示的液压子系统为例，1YA 通电，液压缸活塞下行，油流路线如图 1-22

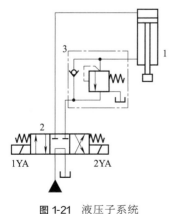

图 1-21　液压子系统

1—液压缸；2—换向阀；3—平衡阀

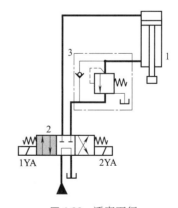

图 1-22　活塞下行

1—液压缸；2—换向阀；3—平衡阀

所示。三位换向阀填充成灰色的部分表示该位接入系统，粗实线表示相应的进油路和回油路。

如果需要液压缸活塞向上运动，2YA 通电，换向阀右位接入系统，油流路线如图 1-23 所示。

当液压缸活塞需要停止在某一位置时，1YA、2YA 都断电，换向阀处于中位，液压缸活塞停止运动，液压泵卸荷，油流路线如图 1-24 所示。

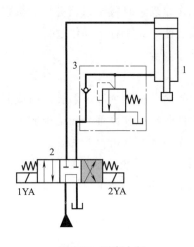

图 1-23　活塞上行

1—液压缸；2—换向阀；3—平衡阀

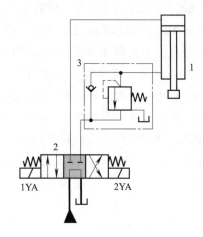

图 1-24　活塞停止（泵卸荷）

1—液压缸；2—换向阀；3—平衡阀

（4）列写油流路线

在绘制油流路线图的基础上，把油流路线列写出来，更有助于对液压系统的分析和理解。对于每一个动作循环都用进油路、回油路分别表示。如果双泵或多泵同时向系统供油，则在油流路线中分别列出。

如图 1-22 所示，液压缸活塞向下运动的油流路线可列写如下。

进油路：液压源→换向阀 2 左位→液压缸 1 上腔。

回油路：液压缸 1 下腔→平衡阀 3 中顺序阀→换向阀 2 左位→油箱。

（5）填写电磁铁或控制阀动作顺序表

采用电磁换向阀的液压系统能够实现回路的自动控制和循环动作，因此作为液压系统的控制元件，电磁换向阀中电磁铁的通断和液压系统的动作密切相关。列写电磁铁动作顺序表能够更直观地体现液压系统各个动作过程中控制元件的控制过程，对于液压系统的设计、使用及维护都具有十分重要的指导意义。除电磁铁外，液压系统中的行程阀、位置开关、压力继电器等元件也是重要的控制元件，把这些元件的开关及工作情况也填写到动作顺序表中，更有利于液压系统工作原理的分析。

通常在电磁铁动作顺序表中，把电磁铁通电、断电或控制阀的打开、关闭分别用"＋"和"－"表示。

图 1-21 所示的液压子系统，根据其动作过程，可列出电磁铁动作顺序表（表 1-1）。

⊡ 表1-1 电磁铁动作顺序表

动作 \ 电磁铁	1YA	2YA
上行	−	+
下行	+	−
停止（泵卸荷）	−	−

1.5 分析液压系统的完整工作循环

① 分析子系统的连接关系。

液压系统中各子系统之间的连接关系是液压设备中各执行元件之间实现互锁、同步、防干涉的重要保障，因此应对各子系统之间的连接关系进行分析。在分析清楚各子系统的动作原理后，再把各子系统合并起来进行分析。

由多个执行元件组成的液压系统往往需要由多个换向阀进行控制，对于整个液压系统，为了简化回路，减少管路数量和换向阀所占空间，便于安装和集中操纵，往往将若干换向阀组成一个集合体，形成多路换向阀。多路换向阀中各个换向阀的连接方式分为串联、并联、串并联以及复合式四种。液压系统中换向阀的连接方式也就是各子系统的连接方式。

② 对液压系统的完整工作循环进行分析。

③ 填写电磁铁动作顺序表。

1.6 总结系统特点

对液压系统图中各子系统的动作过程及子系统之间的连接关系进行分析后，液压系统的工作原理已经基本分析清楚，如果能够对所分析的液压系统的组成结构及工作特点进行总结，将有助于进一步加深对所分析的液压系统图的理解和认识。

通常从实现动作切换和动作循环的方式、调速方式、节能措施、变量方式、控制精度以及子系统的连接方式等几个方面进行总结。

第**2**章

组合机床动力滑台液压系统分析

2.1　组合机床简介

组合机床是一种在制造领域中用途广泛的半自动专用机床，这种机床即可以单机使用，也可以多机配套组成加工自动线。组合机床由通用部件（如动力头、动力滑台、床身、立柱等）和专用部件（如专用动力箱、专用夹具等）两大类部件组成，有卧式、立式、倾斜式、多面组合式多种结构形式。卧式组合机床结构简图如图 2-1 所示。组合机床具有加工精度较高、生产效率高、自动化程度高、设计制造周期短、制造成本低、通用部件能够被重复使用等诸多优点，广泛用于大批量生产的机械加工流水线或自动线中。

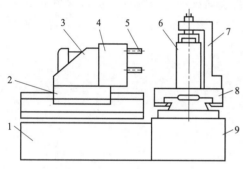

图 2-1　卧式组合机床结构简图

1—床身；2—动力滑台；3—动力头；4—主轴箱；
5—刀具；6—工件；7—夹具；8—工作台；9—底座

组合机床的主运动由动力头或动力箱实现，进给运动由动力滑台的运动实现，动力滑台与动力头或动力箱配套使用，可以对工件完成钻孔、扩孔、铰孔、镗孔、铣平面、刮端面、倒角、攻螺纹等加工及工件的转位、定位、夹紧、输送等动作。动力滑台按驱动方式不同分为液压滑台和机械滑台两种。动力滑台在驱动动力头进行机械加工的过程中有多种运动和负载变化要求，因此其必须具备换向、调速、速度换接、压力（推力）控制、自动循环、功率自动匹配等多种功能。

2.2　组合机床动力滑台液压系统的组成

2.2.1　了解系统

YT4543 型组合机床动力滑台液压系统可以实现多种不同的工作循环，其中一种比较典型的动作循环是：快进→一工进→二工进→死挡铁停留→快退→原位停止，如图 2-2 所示。快进是滑台要驱动动力头及刀具快速接近工件，此时为空行程，不需要多大的推力，追求的是速度。工进是滑台驱动刀具实现进给运动，此时要对速度进行控

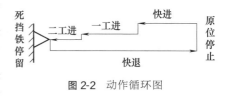

图 2-2　动作循环图

制并要满足一定的推力要求。死挡铁停留是要满足端面和阶梯表面的加工要求。

2.2.2　组成元件及功能

　　YT4543 型组合机床动力滑台液压系统图如图 2-3 所示。系统中采用限压式变量叶片泵供油，并使液压缸差动连接以实现快速运动。由电液换向阀换向，用行程阀、液控顺序阀实现快进与工进的转换，用二位二通电磁换向阀实现一工进和二工进之间的速度换接。为保证进给的尺寸精度，采用了死挡铁停留来限位。

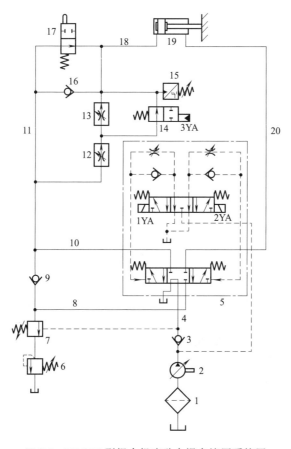

图 2-3　YT4543 型组合机床动力滑台液压系统图

1—过滤器；2—变量泵；3,9,16—单向阀；4,8,10,11,18,20—管路；5—电液换向阀；6—背压阀；

7—顺序阀；12,13—调速阀；14—电磁换向阀；15—压力继电器；17—行程阀；19—液压缸

（1）动力元件

1 台限压式变量叶片泵，给整个系统提供流量可变的油源。

（2）执行元件

1个液压缸，该液压缸为活塞杆固定的单杆活塞缸，活塞杆固定在床身上，缸筒运动并与滑台刚性连接，驱动滑台实现规定的动作。

（3）控制元件

① 3个换向阀，用于改变油流方向。

电液换向阀5：实现液压缸换向和差连快进。

电磁换向阀14：实现二次进给换接。

行程阀17：实现快慢速换接。

② 3个单向阀，只允许油液朝一个方向流动。

单向阀3：防止系统的油液倒流；当滑台在原位停止时，使控制油路保持一定的压力，用以控制三位五通换向阀的启动。

单向阀9：液压缸工进时将进油路与回油路隔开。

单向阀16：实现快退回油。

③ 2个调速阀，调定进给速度。

调速阀12：实现一工进调速。

调速阀13：实现二工进调速。

④ 1个溢流阀，在此系统中用作背压阀，使工进速度较平稳。

⑤ 1个外控顺序阀，快进时关闭，使液压缸形成差动连接；工进时打开，让回油流回油箱。

⑥ 1个压力继电器，读取压力信号，控制电液换向阀电磁铁动作，使液压缸快速退回。

（4）辅助元件

① 1个过滤器，滤去油中杂质，保证油液清洁。

② 1个油箱，储存油液，同时还有散热和沉淀污物的功能。

③ 油管：传送工作液体。

④ 管接头：连接油管与油管或元件。

2.3 动力滑台液压系统的工作原理

实现动力滑台动作循环的液压系统工作原理如下。

（1）快进

如图2-4所示，按下启动按钮，三位五通电液换向阀5的先导电磁换向阀1YA得电，使其阀芯右移，左位进入工作状态。

进油路：过滤器1→变量泵2→单向阀3→管路4→电液换向阀5左位→管路10→管路11→行程阀17下位→管路18→液压缸19左腔。

回油路：液压缸19右腔→管路20→电液换向阀5左位→管路8→单向阀9→管路11→行程阀17下位→管路18→液压缸19左腔。

这时形成差动连接回路。滑台的载荷较小，同时进油可以经行程阀 17 下位直通液压缸左腔，系统中压力较低，所以变量泵 2 输出流量大，动力滑台实现快进。

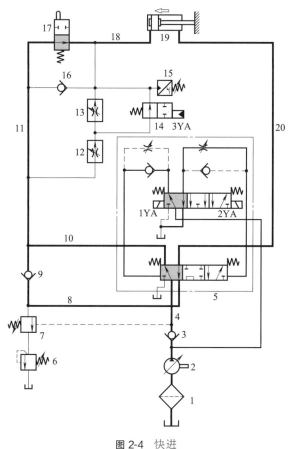

图 2-4　快进

1—过滤器；2—变量泵；3,9,16—单向阀；4,8,10,11,18,20—管路；5—电液换向阀；6—背压阀；
7—顺序阀；12,13—调速阀；14—电磁换向阀；15—压力继电器；17—行程阀；19—液压缸

（2）一工进

如图 2-5 所示，快进行程结束，滑台上的挡铁压下行程阀 17，行程阀上位接入系统，使管路 11 和 18 断开。电磁铁 1YA 继续通电，电液换向阀 5 左位仍在工作，电磁换向阀 14 的电磁铁处于断电状态。进油路必须经调速阀 12 进入液压缸左腔，与此同时，系统压力升高，将液控顺序阀 7 打开，并关闭单向阀 9，使液压缸实现差动连接的油路切断。回油经顺序阀 7 和背压阀 6 回到油箱。

　　进油路：过滤器 1→变量泵 2→单向阀 3→管路 4→电液换向阀 5 左位→管路 10→调速阀 12→二位二通电磁换向阀 14 左位→管路 18→液压缸 19 左腔。

　　回油路：液压缸 19 右腔→管路 20→电液换向阀 5 左位→管路 8→顺序阀 7→背压阀 6→油箱。

因为工作进给时油压升高，所以变量泵 2 的流量自动减小，动力滑台向前作第一次工作进给，进给量的大小可以用调速阀 12 调节。

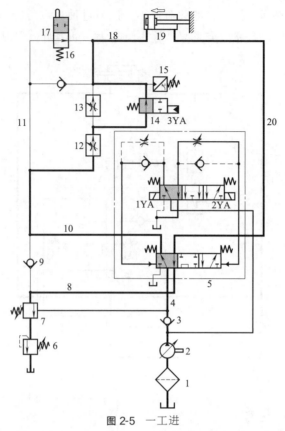

图 2-5　一工进

1—过滤器；2—变量泵；3,9,16—单向阀；4,8,10,11,18,20—管路；5—电液换向阀；6—背压阀；
7—顺序阀；12,13—调速阀；14—电磁换向阀；15—压力继电器；17—行程阀；19—液压缸

（3）二工进

如图 2-6 所示，在第一次工作进给结束时，滑台上的挡铁压下行程开关，使电磁换向阀 14 的电磁铁 3YA 得电，阀 14 右位接入工作，切断了该阀所在的油路，经调速阀 12 的油液必须经过调速阀 13 进入液压缸的左腔，其他油路不变。由于调速阀 13 的开口量小于阀 12，进给速度降低，进给量的大小可由调速阀 13 调节。

> 进油路：过滤器 1→变量泵 2→单向阀 3→管路 4→电液换向阀 5 左位→管路 10→调速阀 12→调速阀 13→管路 18→液压缸 19 左腔。
>
> 回油路：液压缸 19 右腔→管路 20→电液换向阀 5 左位→管路 8→顺序阀 7→背压阀 6→油箱。

（4）死挡铁停留

当动力滑台第二次工作进给终了碰上死挡铁后，液压缸停止不动，系统的压力进一步升高，达到压力继电器 15 的调定值时，经过时间继电器的延时，再发出电信号，使滑台退回。在时间继电器延时动作前，滑台停留在死挡铁限定的位置上。这时的油路同第二次工进的油路，系统内油液已停止流动，泵仅用于补充泄漏油。

（5）快退

如图 2-7 所示，时间继电器发出电信号后，2YA 得电，1YA 失电，3YA 断电，电液

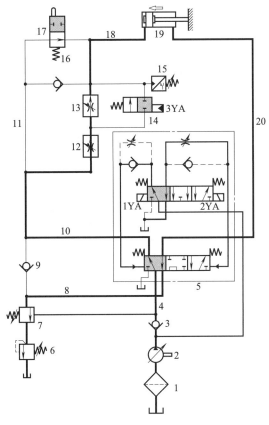

图 2-6　二工进

1—过滤器；2—变量泵；3,9,16—单向阀；4,8,10,11,18,20—管路；5—电液换向阀；6—背压阀；
7—顺序阀；12,13—调速阀；14—电磁换向阀；15—压力继电器；17—行程阀；19—液压缸

换向阀 5 右位工作。

> 进油路：过滤器 1→变量泵 2→单向阀 3→管路 4→电液换向阀 5 右位→管路 20→液
> 压缸 19 的右腔。
>
> 回油路：液压缸 19 左腔→管路 18→单向阀 16→管路 11→电液换向阀 5 右位→
> 油箱。

这时系统的压力较低，变量泵 2 输出流量大，动力滑台快速退回。由于活塞杆的截面
积约为活塞截面积的一半，所以动力滑台快进、快退的速度大致相等。

（6）原位停止

如图 2-8 所示，当滑台快速退回到原位时，另一挡铁压下终点行程开关，使电磁铁
1YA、2YA、3YA 都断电。此时，电液换向阀 5 的先导阀在对中弹簧作用下处于中位，
液动阀左右两边的控制油路都通油箱，因而液动阀也在其对中弹簧作用下回到中位，液压
缸 19 两腔封闭，滑台停止运动，液压泵 2 卸荷。

> 卸荷油路：过滤器 1→变量泵 2→单向阀 3→管路 4→电液换向阀 5 中位→油箱。

表 2-1 是 YT4543 型组合机床动力滑台液压系统动作循环表。

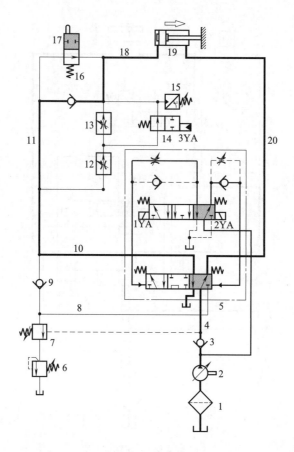

图 2-7　快退

1—过滤器；2—变量泵；3,9,16—单向阀；4,8,10,11,18,20—管路；5—电液换向阀；
6—背压阀；7—顺序阀；12,13—调速阀；14—电磁换向阀；15—压力继电器；17—行程阀；19—液压缸

⊡ 表 2-1　是 YT4543 型组合机床动力滑台液压系统动作循环表

动作名称	信号来源	电磁铁动作状态			液压元件工作状态						备注
		1YA	2YA	3YA	顺序阀7	阀5的先导阀	阀5的液动换向阀	电磁阀14	行程阀17	压力继电器15	
快进	人工按下启动按钮	+1		—	关闭	左位	左位	右位	右位	—	差动快进
一工进	挡铁压下行程阀17				打开				左位		容积节流调速
二工进	挡铁压下行程开关							右位			容积节流调速
停留	滑台靠上死挡块			+						—→+	继电器发信
快退	压力继电器发信	—	+		关闭	右位	右位		右位	+→—	缸19有杆腔工作
原位停止	挡铁压下行程开关	—	—			中位	中位	右位		—	系统卸荷

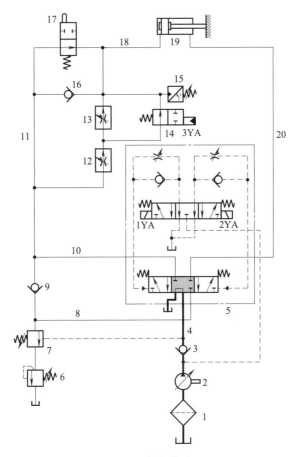

图 2-8　原位停止

1—过滤器；2—变量泵；3,9,16—单向阀；4,8,10,11,18,20—管路；5—电液换向阀；6—背压阀；
7—顺序阀；12,13—调速阀；14—电磁换向阀；15—压力继电器；17—行程阀；19—液压缸

2.4　构成动力滑台液压系统的基本回路分析

　　一个液压系统无论有多复杂，都是由若干个基本回路组成的，基本回路的特性也就决定了整个系统的性能。

2.4.1　容积节流调速回路

　　容积节流调速回路的基本工作原理是采用压力补偿型变量泵供油，用流量控制阀调节进入或流出液压缸的流量来调节其运动速度，并使变量泵的输油量自动与液压缸所需流量相适应。因此它同时具有节流调速回路和容积调速回路的共同优点。这种调速回路工作时只有节流损失，回路的效率较高；回路的调速性能取决于流量阀的调速性能，与变量泵泄漏无关，因此回路的低速稳定性好。

　　在组合机床的动作循环中，快进是为了使刀具快速接近工件的加工表面，追求的是速度；而两次工进是进行工件的切削加工，要通过调速来改变进给量的大小，以满足被加工

零件的不同工艺要求。在图 2-3 所示的动力滑台液压系统中，由限压式变量泵 2、调速阀 12 或 13、背压阀 6 和液压缸 19 等构成了容积节流调速回路。把相关元件提炼出来，并重新连接、编号，简化的容积节流调速回路如图 2-9 所示。

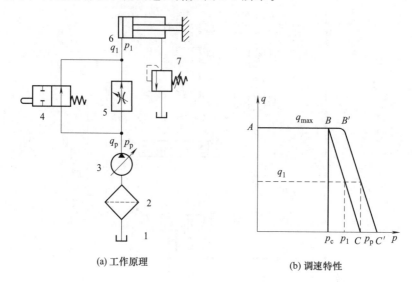

(a) 工作原理　　　　　　(b) 调速特性

图 2-9　容积节流调速回路

1—油箱；2—过滤器；3—限压式变量泵；4—行程阀；5—调速阀；6—液压缸；7—背压阀

调节调速阀 5 的流量 q_1 即可调节活塞的运动速度，由于 $q_1 < q_p$，压力油迫使泵的出口与调速阀进口间的油压升高，即泵的供油压力升高，泵的流量便自动减小到 $q_p \approx q_1$ 为止。

回路的工作原理如图 2-9 (a) 所示，在图示位置，液压缸 6 快速向右运动，限压式变量泵 3 按空载要求自动调节其输出流量为 q_{max}。当行程阀 4 左位接入，泵输出的油液经调速阀 5 进入液压缸 6 的无杆腔，其回油经背压阀 7 回油箱。改变调速阀 5 中阀口通流面积 A_T 的大小，就可使泵 3 的输出流量 q_p 和通过调速阀 5 进入液压缸 6 的流量 q_1 自动适应，实现对液压缸运动速度的调节。泵输出流量和调速阀需要流量自动适应的工作过程如下：当需要调小调速阀的流量进行调速时，在关小调速阀中节流口开度使 q_1 减小的瞬间，由于泵的输出流量还未来得及改变，$q_p > q_1$，导致泵的出口压力 p_p 增大，其反馈作用使变量泵的输出流量 q_p 自动减小到与 A_T 对应的 q_p，使 $q_p = q_1$；反之，在开大调速阀中节流口开度使 q_1 增大的瞬间，由于泵的输出流量还未来得及改变，$q_p < q_1$，导致泵的出口压力降低，其输出流量自动增大到 $q_p = q_1$。由此可见，回路中的调速阀 5 不仅起流量调节作用，而且作为检测元件将其流量转换为压力信号来控制泵的变量机构。因此泵的出口流量、出口压力与调速阀的开口面积 A_T 一一对应，当调速阀开度一定时，泵出口压力也就完全确定，它与负载压力的变化无关，因此这种调速回路又称定压式容积节流调速回路。

图 2-9 (b) 所示为其调速特性，由图可知，此回路只有节流损失而无溢流损失。泵的输油压力 p_p 调得低一些，回路效率就可高一些，但为了保证调速阀的正常工作压差，泵的压力应比负载压力 p_1 至少大 5×10^5 Pa。当此回路用于死挡铁停留、压力继电器发信实现快退时，泵的压力还应调高些，以保证压力继电器可靠发信，故此时的实际工作特性曲线如图 2-9 (b) 中 $AB'C'$ 所示。

知识扩展：调速回路的种类

调速回路主要有以下三种形式。

① 节流调速回路：由定量泵供油，用流量阀调节进入或流出执行元件的流量来实现调速。

② 容积调速回路：用调节变量泵或变量马达的排量来调速。

③ 容积节流调速回路：用限压变量泵供油，由流量阀调节进入执行元件的流量，并使变量泵的流量与调节阀的调节流量相适应来实现调速。

此外，还可采用几台定量泵并联，按不同速度需要，启动一台泵或几台泵供油实现分级调速。如果驱动液压泵的原动机为内燃机，也可通过调节发动机转速改变定量液压泵的转速，达到改变输入执行元件的流量进行调速的目的。

2.4.2 差动连接快速运动回路

许多液压设备都有辅助运动功能，这种运动一般都是空载运动，空载运动的基本特点是速度很快，负载很小，使液压系统处于低压、大流量、小功率的状态。因此，液压系统中会设置快速运动回路。

快速运动回路的功用在于，当泵的流量一定，使执行元件在获得尽可能大的工作速度的同时，能够使液压系统的输出功率尽可能小，实现系统功率的合理匹配。

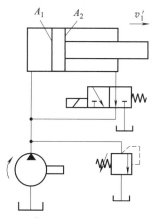

图 2-10　液压缸差动连接的快速运动回路

图 2-10 所示为液压缸差动连接的快速运动回路。回路由定量泵、溢流阀、二位三通换向阀和单杆液压缸组成。换向阀处于右位时，液压缸有杆腔的回油流量和液压泵输出的流量合在一起共同进入液压缸无杆腔，使活塞快速向右运动。这种回路结构简单，应用较多，但由于液压缸的结构限制，液压缸的速度加快有限，有时不能满足快速运动的要求，常常需要和其他方法联合使用。

在组合机床动力滑台的液压系统中，就采用了液压缸差动连接的快速运动回路。如图2-11 所示，液压泵、换向阀、差动连接的单杆活塞缸是回路的主要元件，粗实线表示主油路，中粗实线表示电液换向阀的控制油路。快进时液压系统空载，限压式变量泵输出流量最大，在液压缸差动连接的基础上能满足快速运动的要求。

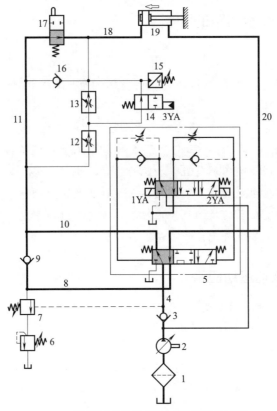

图 2-11   液压缸差动连接构成快速运动回路

1—过滤器；2—变量泵；3,9,16—单向阀；4,8,10,11,18,20—管路；5—电液换向阀；6—背压阀；
7—顺序阀；12,13—调速阀；14—电磁换向阀；15—压力继电器；17—行程阀；19—液压缸

 知识扩展：常见的快速运动回路

　　除了差动连接式外，常见的快速运动回路还有双泵供油式、自重充液式、增速缸式和蓄能器式等类型。

　　（1）双泵供油快速运动回路

　　如图 2-12 所示，在回路中用低压大流量泵 1 和高压小流量泵 2 组成的双联泵作动力源；卸荷阀（外控顺序阀）3 和溢流阀 5 分别设定双泵供油和小流量泵 2 供油时系统的最高工作压力。当换向阀 6 处于图 2-12 所示位置，如果系统压力低于卸荷阀 3 的调定压力时，阀 3 处于关闭状态，低压大流量泵 1 的输出流量顶开单向阀 4，与泵 2 的流量汇合，双泵同时向系统供油，活塞快速向右运动，此时尽管回路的流量很大，但由于负载很小、回路压力很低，所以回路输出的功率并不大；当换向阀 6 处于右位时，由于节流阀 7 的节流作用，造成系统压力达到或超过卸荷阀 3 的调定压力，使阀 3 打开，导致大流量泵 1 经过阀 3 卸荷，单向阀 4 自动关闭，将泵 2 与泵 1 隔离，只有小流量泵 2 向系统供油，活塞慢速向右运动，溢流阀 5 处于溢流状态，保持系统压力基本不变，此时只有高压小流量泵 2 在工作。大流量泵 1 卸荷，减少了动力消耗，回路效率较高。

　　采用双泵供油快速运动回路，在回路获得很高速度的同时，回路输出的功率较小，使液压系统功率匹配合理。

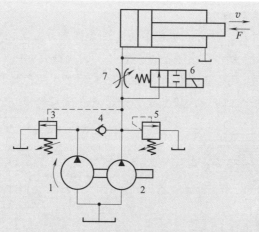

图 2-12 双泵供油快速运动回路
1—低压大流量泵；2—高压小流量泵；3—卸荷阀；4—单向阀；5—溢流阀；6—换向阀；7—节流阀

（2）自重充液快速运动回路

如图 2-13 所示，当手动换向阀 1 右位接入回路时，由于运动部件的自重作用，使活塞快速下降，其下降速度由单向节流阀 2 控制。此时因液压泵供油不足，液压缸上腔将会出现负压，安置在机器设备顶部的充液油箱 4 在油液自重和大气压力的作用下，通过充液阀（液控单向阀）3 向液压缸上腔补油；当运动部件接触到工件造成负载增加时，液压缸上腔压力升高，充液阀 3 关闭，此时只靠液压泵供油，使活塞运动速度降低。回程时，换向阀 1 左位接入回路，压力油进入液压缸下腔，同时打开充液阀 3，液压缸上腔低压回油进入充液油箱 4。为防止活塞快速下降时液压缸上腔吸油不充分，充液油箱常被充压油箱代替，实现强制充液。这种回路用于垂直运动部件重量较大的液压机系统。

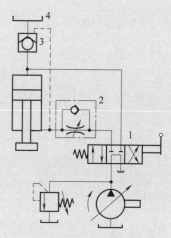

图 2-13 自重充液快速运动回路
1—手动换向阀；2—单向节流阀；
3—充液阀；4—充液油箱

（3）增速缸快速运动回路

在机器设备中卧式放置的液压缸不能利用运动部件自重充液作快速运动，可采用增速缸的方案。图 2-14 所示为增速缸快速运动回路。增速缸由活塞缸与柱塞缸复合而成。当换向阀左位接入回路时，压力油经柱塞中间的孔进入增速缸小腔 1，推动活塞快速向右移动，大腔 2 所需油液由充液阀 3 从油箱吸取，活塞缸右腔的油液经换向阀回油箱，即快速运动时液压泵的全部流量进入小腔 1 中。当执行元件接触到工件造成负载增加时，回路压力升高，使顺序阀 4 开启，高压油关闭充液阀 3，并进入增速缸大腔 2，活塞转换成慢速运动，且推力增大，即慢速运动时液压泵的流量同时进入到复合缸的大腔 2 和小腔 1 中。当换向阀右位接入回路时，压力油进入活塞缸右腔，同时打开充液阀 3，大腔 2 的回油排回油箱，活塞快速向左退回。

（4）蓄能器快速运动回路

在图2-15所示回路中，当用流量较小的液压泵供油，而系统中短期需要大流量时，换向阀5处于左位或右位工作，泵1和蓄能器4共同向液压缸6供油，使其实现快速运动。当阀5处于中位，系统停止工作时，泵1经单向阀2向蓄能器供油，蓄能器压力升高至液控顺序阀3的调定压力时，阀3被打开，使液压泵卸荷。

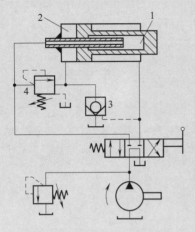

图2-14 增速缸快速运动回路
1—增速缸小腔；2—增速缸大腔；
3—充液阀；4—顺序阀

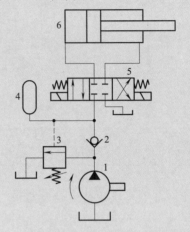

图2-15 蓄能器快速运动回路
1—泵；2—单向阀；3—液控顺序阀；
4—蓄能器；5—换向阀；6—液压缸

这种快速回路可用较小流量的泵获得较高的运动速度，但蓄能器充油时，液压缸必须停止工作，在时间上有些浪费。蓄能器快速运动回路适用于某些间歇工作且停留时间较长的液压设备（如冶金机械）和某些工作速度存在快、慢两种速度的液压设备（如组合机床）。根据系统工作循环要求，合理地选取液压泵的流量、蓄能器的工作压力范围和容积，可获得较高的回路效率。

2.4.3 换向回路

液压系统中执行元件运动方向的变换一般由换向阀实现，根据执行元件换向的要求，可采用二位（或三位）四通（或五通）控制阀，控制方式可以是人力、机械、电动、液动和电液动等。

组合机床动力滑台液压系统的换向回路由液压泵、三位五通电液换向阀和液压缸组成，图2-16所示为动力滑台从前进转换到后退时换向阀的工作过程，粗实线是主油路进、回油路线，中粗实线是驱动换向阀换向的控制油路进、回油路线。

电液换向阀是由电磁换向阀5和液动换向阀4组成的复合阀。电磁换向阀5为先导阀，用以改变控制油路的方向；液动换向阀4为主阀，用以改变主油路的方向。

当先导阀的电磁铁1YA和2YA都断电时，电磁阀阀芯在两端弹簧力作用下处于中位，控制油口关闭。这时主阀阀芯两侧的油液经节流阀7、8通油箱，主阀阀芯在两端复位弹簧的作用下处于中位。在主油路中阀口关闭互不相通，液压缸10静止不动。

（1）前进

如图2-16（a）所示，当1YA通电、2YA断电时，电磁阀5左位接入系统，控制油路油流路线如下。

> 进油路：液压泵2→电磁阀5左位→单向阀9→液动阀4阀芯左腔。
> 回油路：液动阀4阀芯右腔→节流阀7→电磁阀5左位→油箱。

主油路的主换向阀阀芯在左端液压推力的作用下移至右端，即主阀左位接入系统，主油路压力油进入液压缸左腔，驱动液压缸前进。主油路油流路线如下。

> 进油路：液压泵2→单向阀3→液动阀4左位→液压缸左腔。
> 回油路：液压缸右腔→液动阀4左位→油箱。

（2）后退

同理，如图2-16（b）所示，当2YA通电、1YA断电时，电磁阀5右位接入系统，控制油路油流路线如下。

> 进油路：液压泵2→电磁阀5右位→单向阀6→液动阀4阀芯右腔。
> 回油路：液动阀4阀芯左腔→节流阀8→电磁阀5右位→油箱。

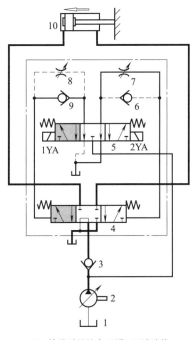

(a) 前进时的换向及进、回油路线

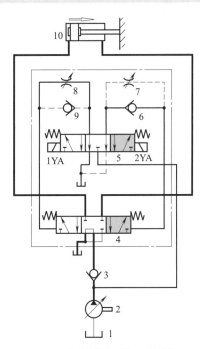

(b) 后退时的换向及进、回油路线

图2-16　换向回路

1—油箱；2—变量泵；3,6,9—单向阀；4—液动换向阀；5—电磁换向阀；7,8—节流阀；10—液压缸

主油路的主换向阀阀芯在右端液压推力的作用下移至左端，即主阀右位接入系统，主油路压力油进入液压缸右腔，驱动液压缸后退，完成了换向动作。主油路油流路线如下。

進油路：液压泵 2→单向阀 3→液动阀 4 右位→液压缸右腔。

回油路：液压缸左腔→液动阀 4 右位→油箱。

液动换向阀的换向速度可由两端节流阀调整，因而可使换向平稳，无冲击。这种阀综合了电磁阀和液动阀的优点，具有控制方便、流量大的特点。

 知识扩展：换向阀不同控制方式的特点

手动换向阀换向：换向精度和平稳性不高，常用于换向不频繁且无需自动化的场合。

机动换向阀换向：换向频率不受限制，但必须安装在工作机构附近，对速度和惯性较大的液压系统，采用机动换向阀较合理。当工作机构运动速度很低时，出现换向死点；当工作机构运动速度较高时，又可引起换向冲击。

电磁换向阀换向：方便，动作快，有换向冲击，适用于小流量、平稳性要求不高的场合。交流电磁铁一般不宜频繁切换，以免线圈烧坏。

液动换向阀换向：该阀是利用控制油路的压力油改变阀芯位置的换向阀，压力油可以产生很大的推力，因此液动换向阀适用于高压大流量液压系统。

电液换向阀换向：可调节换向速度，换向冲击较小，但不能进行频繁切换，适用于换向精度与平稳性要求较高的液压系统。

当需要频繁连续动作且对换向过程有较多附加要求时，可采用时间、行程控制式机液换向回路。

2.4.4 速度换接回路

使执行机构在一个工作循环中从一种运动速度变换到另一种运动速度的回路，称为速度换接回路。这类回路不仅包括执行元件快速到慢速的换接，而且也包括两个慢速之间的换接，同时应具有较高的速度换接平稳性。

组合机床动力滑台液压系统有两种比较典型的速度换接回路：一种是采用行程阀的速度换接回路，另一种是采用两个调速阀串联的速度换接回路。

（1）采用行程阀的速度换接回路

采用行程阀的速度换接回路如图 2-17 所示，当换向阀处于图示位置时，节流阀不起作用，液压缸活塞处于快速运动状态，当快进到预定位置，与活塞杆刚性相连的挡铁压下行程阀 1（二位二通机动换向阀），行程阀关闭，液压缸右腔油液必须通过节流阀 2 后才能流回油箱，回路进入回油节流调速状态，活塞运动转为慢速工进。当换向阀左位接入回路时，压力油经单向阀 3 进入液压缸右腔，使活塞快速向左返回，在返回的过程中逐步将行程阀 1 放开。这种回路

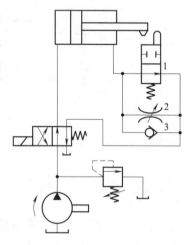

图 2-17 采用行程阀的速度换接回路
1—行程阀；2—节流阀；3—单向阀

速度切换过程比较平稳，冲击小，换接点位置准确，换接可靠。但受结构限制行程阀安装位置不能任意布置，管路连接较复杂。

在组合机床动力滑台液压系统中，快进与工进的速度换接采用了行程阀，在系统中的连接关系及进、回油情况如图 2-18 所示。快进结束，装在滑台上的挡铁驱动行程阀 17 上位接入系统，从管路 11 过行程阀的油路被切断，压力油只能过调速阀 12、电磁阀左位、管路 18 进入液压缸无杆腔。此时由调速阀 12 调速实现一工进。

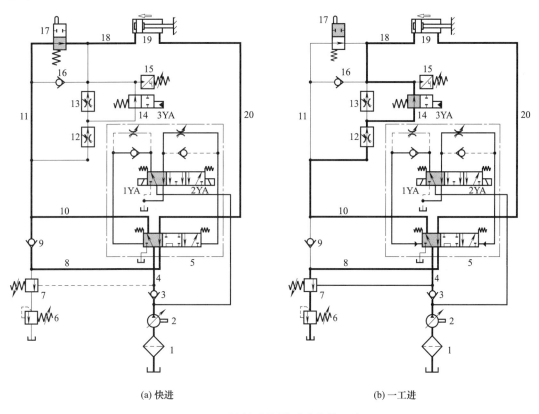

(a) 快进   (b) 一工进

图 2-18 采用行程阀的速度换接回路

1—过滤器；2—变量泵；3,9,16—单向阀；4,8,10,11,18,20—管路；5—电液换向阀；6—背压阀；
7—顺序阀；12,13—调速阀；14—电磁换向阀；15—压力继电器；17—行程阀；19—液压缸

（2）采用两个调速阀串联的速度换接回路

把组合机床动力滑台液压系统图（图 2-3）中构成速度换接回路的调速阀 12、13，电磁换向阀 14 和液压泵 2 等元件提取出来，并重新连接、编号，如图 2-19 所示，即两个调速阀串联的速度换接回路。液压泵 2 输出的压力油经调速阀 3 和电磁换向阀 5 进入液压缸，这时的流量由调速阀 3 控制。当需要第二种工作进给速度时，阀 5 通电，其右位接入回路，则液压泵输出的压力油先经调速阀 3，再经调速阀 4 进入液压缸，这时的流量应由调速阀 4 控制，所以这种回路中调速阀 4 的节流口应调得比调速阀 3 小，否则调速阀 4 将不起作用。这种回路在工作时调速阀 3 一直工作，它限制着进入液压缸或调速阀 4 的流量，因此在速度换接时不会使液压缸产生前冲现象，换接平稳性较好。在调速阀 4 工作时，油液需经两个调速阀，故能量损失较大，系统发热也较大。

2.4.5 卸荷回路

卸荷回路的功用是在液压泵驱动电动机不频繁启闭的情况下，使液压泵在功率输出接近于零的情况下运转，以减少功率损耗，降低系统发热，延长泵和电动机的寿命。

利用三位换向阀的中位机能卸荷是最常见的卸荷方式，组合机床动力滑台液压系统就采用了这种卸荷回路。

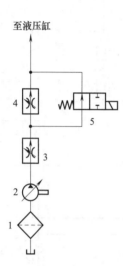

图 2-19 调速阀串联的速度换接回路

1—过滤器；2—液压泵；

3,4—调速阀；5—电磁换向阀

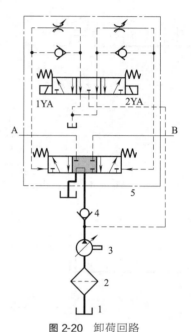

图 2-20 卸荷回路

1—油箱；2—过滤器；3—液压泵；4—单向阀；

5—电液换向阀；A,B—接液压缸

将油路简化，把组合机床动力滑台液压系统中的无关元件删除就构成了图 2-20 所示的卸荷回路。电液换向阀的主阀是三位五通液动换向阀，其中位机能为 M 型。当电磁铁都不通电时，换向阀处于图示状态的中位，液压泵排出的油液过单向阀、换向阀直接流回油箱。若不计油液经过单向阀的压力损失，液压泵处于循环状态。单向阀分开油路防冲击，此外还持续控制油路的压力。

 知识扩展：常用的卸荷回路

（1）采用主换向阀中位机能的卸荷回路

利用三位换向阀 M、H、K 型等中位机能的结构特点，可以实现泵的卸荷。图 2-21 所示为采用 M 型中位机能的卸荷回路。这种卸荷回路的结构简单，但当压力较高、流量大时易产生冲击，一般用于低压小流量场合。当流量较大时，可用液动或电液换向阀来卸荷，但应在其回油路上安装一个单向阀 1（作背压阀用），使回路在卸荷状况下，能够保持 0.3~0.5MPa 控制压力，实现卸荷状态下对电液换向阀的操纵，但这样会增加一些系统的功率损失。

（2）采用二位二通电磁换向阀的卸荷回路

图 2-22 所示为采用二位二通电磁换向阀的卸荷回路。在这种卸荷回路中，主换向阀的中位机能为 O 型，利用与液压泵和溢流阀同时并联的二位二通电磁换向阀的通与断，实现系统的卸荷与保压功能，但要注意二位二通电磁换向阀的压力和流量参数要完全与对应的液压泵匹配。

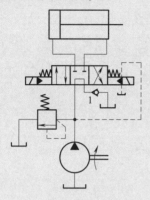

图 2-21 利用主换向阀中位机能的卸荷回路

1—单向阀

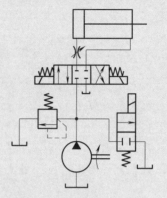

图 2-22 采用二位二通电磁

换向阀的卸荷回路

（3）采用先导式溢流阀和电磁阀组成的卸荷回路

图 2-23 所示为采用二位二通电磁阀控制先导式溢流阀的卸荷回路。当先导式溢流阀 1 的远控口通过二位二通电磁阀 2 接通油箱时，阀 1 的溢流压力为溢流阀的卸荷压力，使液压泵输出的油液以很低的压力经阀 1 和阀 2 回油箱，实现泵的卸荷。为防止系统卸荷或升压时产生压力冲击，一般在溢流阀远控口与电磁阀之间设置阻尼孔 3。这种卸荷回路可以实现远程控制。

（4）采用限压式变量泵的卸荷回路

利用限压式变量泵压力反馈来控制流量变化，可以实现流量卸荷。如图 2-24 所示，系统中的溢流阀 1 作安全阀用，以防止泵的压力补偿装置的零漂和动作滞缓导致系统压

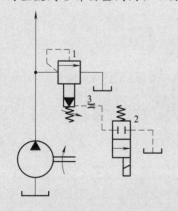

图 2-23 采用先导式溢流阀和电磁阀

组成的卸荷回路

1—先导式溢流阀；2—电磁阀；3—阻尼孔

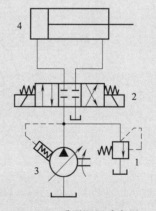

图 2-24 采用限压式变量

泵的卸荷回路

1—溢流阀；2—换向阀；3—液压泵；4—液压缸

力异常。这种回路在卸荷状态下具有很高的控制压力，特别适合各类成型加工机床模具的合模保压控制，使机床的液压系统在卸荷状态下实现保压，有效减少了系统的功率匹配，极大地降低了系统的功率损失和发热。

（5）采用卸荷阀的卸荷回路

图 2-25 所示为用蓄能器保持系统压力而用卸荷阀使泵卸荷的回路。当电磁铁 1YA 得电时，泵和蓄能器同时向液压缸左腔供油，推动活塞右移，接触工件后，系统压力升高。当系统压力升高到卸荷阀 1 的调定值时，卸荷阀打开，液压泵通过卸荷阀卸荷，而系统压力用蓄能器保持。若蓄能器压力降低到允许的最小值时，卸荷阀关闭，液压泵重新向蓄能器和液压缸供油，以保证液压缸左腔的压力在允许的范围内。溢流阀 2 作安全阀用。

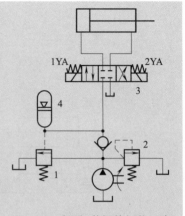

图 2-25 采用卸荷阀的卸荷回路
1—卸荷阀；2—溢流阀；
3—换向阀；4—蓄能器

2.5 典型元件分析

2.5.1 限压式变量叶片泵

限压式变量叶片泵就变量工作原理来分，有内反馈式和外反馈式两种。

图 2-26 所示为外反馈限压式变量叶片泵的工作原理，它能根据泵出口负载压力的大小自动调节泵的排量。转子 1 的中心是固定不动的，定子 3 可沿滑块滚针支承 4 左右移动。定子右边有反馈柱塞 5，它的油腔与泵的压油腔相通。设反馈柱塞的受压面积为 A，

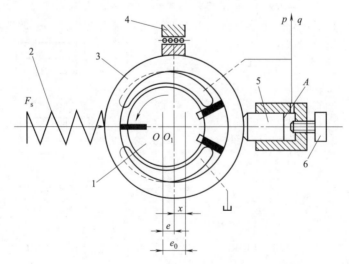

图 2-26 外反馈限压式变量叶片泵的工作原理
1—转子；2—弹簧；3—定子；4—滑块滚针支承；5—反馈柱塞；6—流量调节螺钉

则作用在定子上的反馈力 pA 小于作用在定子上的弹簧力 F_s 时，弹簧2把定子推向最右边，柱塞和流量调节螺钉6用以调节泵的初始偏心距 e_0，进而调节流量，此时偏心距达到预调值 e_0，泵的输出流量最大。当泵的压力升高到 $pA > F_s$ 时，反馈力克服弹簧预紧力，推动定子左移距离 x，偏心距减小，泵输出流量随之减小。压力愈高，偏心距愈小，输出流量也愈小。当压力达到使泵的偏心所产生的流量全部用于补偿泄漏时，泵的输出流量为零，不管外负载再怎样加大，泵的输出压力也不会再升高。

限压式变量叶片泵在工作过程中，当供油压力 p 小于预先调定的限定压力 p_c 时，液压作用力不能克服弹簧的预紧力，这时定子的偏心距保持最大不变，因此泵的输出流量不变。但由于供油压力增大时，泵的泄漏流量 q_1 也增加，所以泵的实际输出流量 q 也略有减少，如图 2-27 中的 AB 段。

调节螺钉6（图 2-26）可调节最大偏心距（初始偏心距）的大小，从而改变泵的最大输出流量，特性曲线 AB 段上下平移，当泵的供油压力 p 超过限定压力 p_c 时，液压作用力大于弹簧的预紧力，此时弹簧受压缩，定子向偏心距减小的方向移动，使泵的输出流量减小，压力愈高，弹簧压缩量愈大，偏心距愈小，

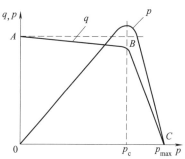

图 2-27　限压式变量叶片泵的特性曲线

输出流量愈小，其变化规律如特性曲线 BC 段所示。调节弹簧可改变限定压力 p_c 的大小，这时特性曲线 BC 段左右平移。改变弹簧的刚度时，可改变 BC 段的斜率，弹簧越"软"，BC 段越陡，p_{max} 越小；反之，弹簧越"硬"，BC 段越平坦，p_{max} 值越大。当定子和转子之间的偏心距为零时，系统压力达到最大值，该压力称为截止压力，由于泵的泄漏存在，当偏心距尚未达到零时，泵向系统的输出流量实际已为零。

限压式变量叶片泵对既要实现快速行程，又要实现工作进给（慢速移动）的执行元件来说是一种合适的油源。快速行程需要大的流量，负载压力较低，正好使用特性曲线的 AB 段。作进给时负载压力升高，需要流量减少，正好使用特性曲线的 BC 段，因而合理调整拐点压力 p_c 是使用该泵的关键。目前这种泵被广泛用于要求执行元件有快速、慢速和保压阶段的中低压系统中，有利于节能和简化回路。

 知识扩展：变量叶片泵的类型

单作用式叶片泵能通过改变转子和定子间的偏心距来调节排量，而成为变量泵。这类泵按其改变偏心距方向的不同分为单向变量泵和双向变量泵两种。双向变量泵能在工作中更换进、出油口，使液压执行元件的运动反向。变量泵按其改变偏心距方式的不同又有手动调节式变量泵和自动调节式变量泵之分，自动调节式变量泵又有限压式变量泵、稳流量式变量泵等多种。

2.5.2　单杆活塞缸

（1）单杆活塞缸的结构原理

图 2-28 所示为单杆活塞缸，活塞只有一端带活塞杆，有缸筒固定和活塞杆固定两种

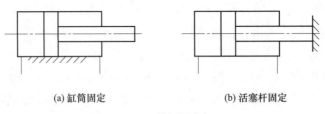

| (a) 缸筒固定 | (b) 活塞杆固定 |

图 2-28　单杆活塞缸

形式，它们的工作部件移动范围都是活塞有效行程的两倍。

　　由于单杆活塞缸两腔的有效工作面积不等，因此不同的油腔进油时它在两个方向上输出的推力和速度也不等。活塞杆伸出时，推力较大，速度较小；活塞杆缩回时，推力较小，速度较大。由于这个特性，单杆活塞缸常常用于机床加工中的工作进给和快速退回。

　　（2）单杆活塞缸的差动连接

　　单杆活塞缸左右两腔同时都接通高压油时称为差动连接，差动连接的液压缸称为差动

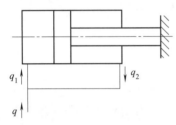

图 2-29　单杆活塞缸的差动连接

缸。如图 2-29 所示，差动缸左右两腔的油液压力相同，但由于左腔的有效作用面积大于右腔的有效作用面积，故活塞向右运动，同时使右腔中排出的油液 q_2 也进入左腔，加大了流入左腔的流量（$q_1 = q + q_2$），从而也加快了活塞移动的速度。差动连接时液压缸的推力比非差动连接时小，速度比非差动连接时大，正好利用这一点，可使在不加大油源流量的情况下得到较快的运动速度。这种连接方式被广泛用于组合机床的液压动力系统和其他机械设备的快速运动中。

　　采用差动连接的增速回路，不需要增加液压泵的输出流量，简单经济，但只能实现一个运动方向的增速，且增速比受液压缸两腔有效工作面积的限制。使用时要注意换向阀和油管应按差动时的较大流量选择，否则流动液阻过大，可能使溢流阀在快进时打开，减慢速度，甚至起不到差动作用。

 知识扩展：液压缸及其类型和特点

　　液压缸是液压系统中常用的一种执行元件，是把液体的压力能转变为机械能的装置。液压缸主要用于实现机构的直线往复运动，也可实现摆动。其结构简单，工作可靠，应用广泛。

　　液压缸有多种分类方法。液压缸除了单独使用外，还可以组合起来或和其他机构相结合，以实现特殊的功能。液压缸的类型、图形符号及特点见表 2-2。

2.5.3　电液换向阀

　　换向阀是利用阀芯对阀体的相对运动，使油路接通、关断或变换油流的方向，从而实现执行元件及其驱动机构的启动、停止或变换运动方向。

⊡ 表 2-2　液压缸的类型、图形符号及特点

类型			图形符号	特　点
单作用缸		活塞缸		活塞只单向受力而运动,反向运动依靠活塞自重或其他外力
		柱塞缸		柱塞只单向受力而运动,反向运动依靠柱塞自重或其他外力
		伸缩式套筒缸		有多个互相联动的活塞,可依次伸缩,行程较大,由外力使活塞返回
双作用缸	单活塞杆	普通缸		活塞双向受液压力而运动,在行程终了时不减速,双向受力及速度不同
		不可调缓冲缸		活塞在行程终了时减速制动,减速值不变
		可调缓冲缸		活塞在行程终了时减速制动,并且减速值可调
		差动缸		活塞两端面积差较大,使活塞往复运动的推力和速度相差较大
	双活塞杆	等行程等速缸		活塞左右移动,速度、行程及推力均相等
		双向缸		利用对油口进、排油顺序的控制,可使两个活塞作多种配合动作的运动
		伸缩式套筒缸		有多个互相联动的活塞,可依次伸缩,行程较大
组合缸		弹簧复位缸		单向液压驱动,由弹簧力复位
		增压缸		由大腔进油驱动,使小腔输出高压油源
		串联缸		用于缸的直径受限制,长度不受限制处,能获得较大推力
		齿条传动缸		活塞的往复直线运动转换成齿轮的往复回转运动
		气液转换器		气压力转换成大体相等的液压力

　　电液换向阀是由电磁换向阀和液动换向阀组成的复合阀。电磁换向阀为先导阀,用以改变控制油路的方向;液动换向阀为主阀,用以改变主油路的方向。这种阀综合了电磁阀和液动阀的优点,具有控制方便、流量大的特点。

图 2-30 (a)、图 2-30 (b) 所示分别为三位四通电液换向阀的图形符号和简化符号。

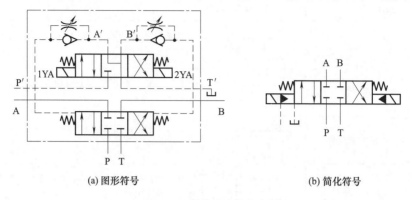

(a) 图形符号   (b) 简化符号

图 2-30 三位四通电液换向阀

当先导阀的电磁铁 1YA 和 2YA 都断电时，电磁阀阀芯在两端弹簧力作用下处于中位，控制油口 P′关闭。这时主阀阀芯两侧的油液经两个小节流阀及电磁换向阀的通路与油箱相通，因而主阀阀芯也在两端弹簧的作用下处于中位。在主油路中 P、A、B、T 互不相通。

当 1YA 通电、2YA 断电时，电磁阀阀芯移至右端，电磁阀左位工作，控制压力油经 P′→A′→单向阀→主阀阀芯左端油腔，而回油经主阀阀芯右端油腔→节流阀→B′→T′→油箱。于是，主阀阀芯在左端液压推力的作用下移至右端，即主阀左位工作，主油路 P 通 A，B 通 T。

同理，当 2YA 通电、1YA 断电时，电磁阀处于右位，控制主阀阀芯右位工作，主油路 P 通 B，A 通 T。液动换向阀的换向速度可由两端节流阀调整，因而可使换向平稳，无冲击。

 知识扩展：换向阀的类型

> 按阀芯相对于阀体的运动方式：滑阀和转阀。
> 按操作方式：手动、机动、电动、液动和电液动等。
> 按阀芯工作时在阀体中所处的位置：二位、三位和四位等。
> 按换向阀所控制的通路数不同：二通、三通、四通和五通等。

2.5.4 行程阀

行程阀也称机动换向阀，图 2-31 (a) 所示为二位二通机动换向阀的结构原理，在图示位置（常态位），阀芯 3 在弹簧 4 作用下处于上位，P 与 A 不相通；当运动部件上的挡块 1 压住滚轮 2 使阀芯移至下位时，P 与 A 相通。机动换向阀结构简单，换向时阀口逐渐关闭或打开，故换向平稳、可靠、位置精度高。但它必须安装在运动部件附近，一般油管较长。常用于控制运动部件的行程，或快、慢速度的转换。图 2-31 (b) 所示为二位二通机动换向阀的图形符号。

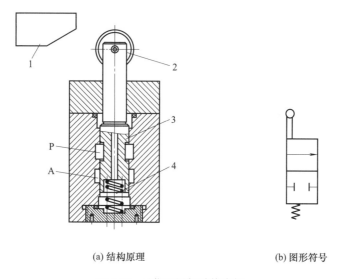

(a) 结构原理　　　　　(b) 图形符号

图 2-31　二位二通机动换向阀
1—挡块；2—滚轮；3—阀芯；4—弹簧

2.5.5　压力继电器

压力继电器是一种将油液的压力信号转换成电信号的电液控制元件，当油液压力达到压力继电器的调定压力时，即发出电信号，以控制电磁铁、电磁离合器、继电器等元件动作，使油路泄压、换向、执行元件实现顺序动作，或关闭电动机，使系统停止工作，起安全保护作用等。压力继电器有柱塞式、膜片式、弹簧管式和波纹管式四种。

如图 2-32 所示，当从压力继电器下端进油口通入的油液压力达到调定压力时，推动柱塞 1 上移，通过顶杆 2 推动微动开关 4 动作。通过调节螺钉 3 改变弹簧的压缩量即可调节压力继电器的动作压力。图 2-32 中 L 为泄油口。

压力继电器经常应用在需要液压和电气转换的回路中，接收回路中的压力信号，输出电信号，使系统易于实现自动化。

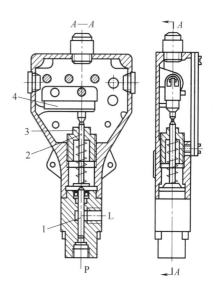

图 2-32　柱塞式压力继电器
1—柱塞；2—顶杆；3—调节
螺钉；4—微动开关

2.6　液压系统特点

① 采用了由限压式变量泵和调速阀的容积节流调速回路，无溢流功率损失，效率高，且能保证稳定的低速运动、较好的速度刚度和较大的调速范围。调速阀放在进油路上，同时在回油路上有背压阀，所以滑台运动平稳，且能承受一定的超越负载。

② 应用限压式变量泵在低压时输出的流量大的特点，并采用差动连接来实现快速运动，能量利用经济合理。滑台停止运动时，液压泵在低压下卸荷，减少了能量损耗。

③ 应用电液换向阀实现换向，工作平稳、可靠。可通过该阀中的节流阀调节换向时间，从而控制换向精度和换向平稳性。由压力继电器与时间继电器发出的电信号控制换向信号。

④ 采用行程阀、液控顺序阀实现快速运动与工作进给的速度换接，不仅简化了油路，而且动作可靠，换接平稳，位置准确。

⑤ 两种工作进给的速度换接采用了两个调速阀串联的回路结构。调速阀装在进油路上可起加载作用，启动和换速冲击小，刀具和工件不会碰撞。

⑥ 采用死挡铁停留，不仅提高了位置精度，还适用于镗阶梯孔、锪孔、锪端面，扩大了组合机床的工艺范围。

第3章

液压机液压系统分析

3.1 液压机简介

压力机是锻压、冲压、冷挤、校直、弯曲、粉末冶金、成形、打包等加工工艺中广泛应用的压力加工机械设备。液压压力机（简称液压机）是压力机的一种类型，它通过液压系统产生很大的静压力，实现对工件的挤压、校直、冷弯等加工。液压机的结构形式有单柱式、三柱式、四柱式等，其中以四柱式液压机最为典型（图 3-1），它主要由上横梁、下横梁、活动横梁、导柱和顶出机构等组成。

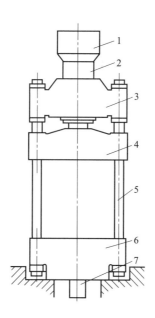

图 3-1 四柱式液压机

1—油箱；2—主液压缸；3—上横梁；4—活动横梁；

5—导柱；6—下横梁；7—顶出缸

3.2 液压机液压系统的组成

3.2.1 了解系统

液压机的主要运动是活动横梁和顶出机构的运动，活动横梁由主液压缸驱动，顶出机

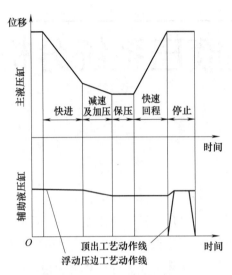

图 3-2 液压机的典型工作循环

构由辅助液压缸（顶出缸）驱动。主液压缸和顶出缸之间是串联关系。液压机的活动横梁通过四个导柱导向、主缸驱动，实现活动横梁快速下行→慢速加压→保压延时→快速回程→原位停止的动作循环。顶出缸布置在工作台中间孔内，驱动顶出机构实现向上顶出→向下退回或浮动压边下行→停止→顶出的两种动作循环。液压机的典型工作循环如图 3-2 所示。

液压机液压系统以压力控制为主，系统具有高压、大流量、大功率的特点。图 3-3 所示为 3150kN 通用液压机液压系统图，该系统采用主、辅泵供油方式，主泵 1 是一 L_1 高压大流量、恒功率控制的压力反馈变量柱塞泵，远程调压阀 5 控制高压溢流阀 4 限定系统最高压力，其最高压力可达 32MPa。辅助泵 2 是一台低压小流量定量泵（与主泵为单轴双联结构），其作用是为电液换向阀、液动换向阀和液控单向阀的正确动作提供控制油源，泵 2 的压力由低压溢流阀 3 调定。液压机工作的特点是主缸竖直放置，当活动横梁没有接触到工件时，为空载高速运动，当活动横梁接触到工件后，系统压力急剧升高，主缸的运动速度迅速降低，直至为零，进行保压，保压结束后先降低压力，主换向阀再换向使主缸快速返回。顶出缸既可单独动作，实现顶出、退回，也可和主缸联动完成浮动压边。

3.2.2 组成元件及功能

浏览图 3-3 所示的液压系统图，按照动力元件、执行元件、控制元件和辅助元件的顺序确定系统的组成元件，并初步确定各个元件的功能。

（1）动力元件

液压泵是能量转换元件，把原动机的机械能转换为压力能。

2 台液压泵。1 台单向变量泵 1，为主油路系统提供压力油；1 台单向定量液压泵 2，为控制油路提供压力油。

（2）执行元件

执行元件也是能量转换元件，把液压系统的压力能转换为机械能，驱动各运动部件完成规定的动作。

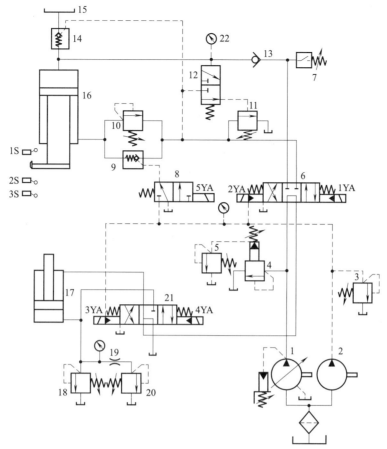

图 3-3 3150kN 通用液压机液压系统图

1—主泵；2—辅助泵；3,4,18—溢流阀；5—远程调压阀；6,21—电液换向阀；7—压力继电器；8—电磁换向阀；
9,14—液控单向阀；10,20—背压阀；11—外控顺序阀；12—液控滑阀；13—单向阀；
15—副油箱；16—主液压缸；17—顶出缸；19—节流器；22—压力表

2 个单杆活塞缸。主液压缸 16 驱动活动横梁完成规定的动作；顶出缸 17 用于顶出工件。

（3）控制元件

控制元件就是各种液压阀，能够通过控制油液的压力、流量及流动方向，使执行元件完成规定的动作。

① 6 个溢流阀。溢流阀 3 调定控制油路压力；先导式溢流阀 4 及远程调压阀 5 为安全阀，限制系统的最高压力；溢流阀 18 为安全阀，限制顶出缸的最高压力；溢流阀 10、20 为背压阀。

② 4 个换向阀。电液换向阀 6 控制主液压缸换向；电液换向阀 21 控制顶出缸换向；换向阀 8 控制液控单向阀 9 通断；二位三通液动换向阀（液控滑阀）12 控制外控顺序阀 11 动作。

③ 2 个液控单向阀。控制液流通断，在受控情况下可以双向流动。

④ 1 个普通单向阀。只允许油液朝一个方向流动。

⑤ 1 个外控顺序阀。根据压力信号使油路通断。

⑥ 1 个节流器。用于控制压边工艺的运动速度。

（4）辅助元件

① 1 个过滤器。过滤油液，去除污染物。

② 2 个油箱。储存油液，同时还有排污和散热的功能。副油箱 15 置于液压机顶部，在快速下行时给主液压缸上腔补油。

③ 3 个压力表。检测液压系统的压力。

④ 1 个压力继电器。根据压力信号，控制电磁铁动作。

3.3 划分并分析子系统

按照执行元件的个数将系统分解成若干子系统，则液压系统图的分析更加容易。为更好地理解和分析液压系统图，分解以后绘制的子系统图保留了原系统图的编号。

按照各执行元件可将图 3-3 所示的液压机液压系统分为两个子系统，分别实现主液压缸和顶出缸的动作循环。

3.3.1 主液压缸子系统

主液压缸子系统能够驱动活动横梁完成快速下行→慢速加压→保压延时→快速回程→原位停止的动作循环。如图 3-4 所示，主液压缸子系统由主泵 1、辅助泵 2、安全阀（溢

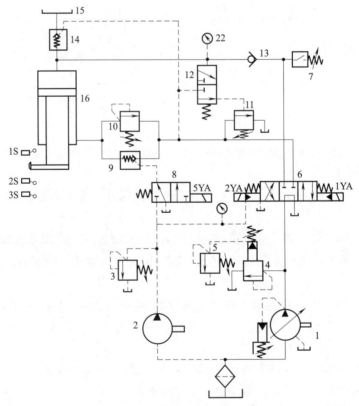

图 3-4 主液压缸子系统

（数字编号见图 3-3）

流阀）3、先导式溢流阀 4、远程调压阀 5、三位四通电液换向阀 6、二位三通电磁换向阀 8、液控单向阀 9 和 14、背压阀 10、外控顺序阀 11、二位三通液动换向阀 12、普通单向阀 13、压力继电器 7 和主液压缸 16 等元件组成。

（1）快速下行

如图 3-5 所示，1YA、5YA 通电，换向阀 6 右位接入系统，主油路过阀 6 右位，过单向阀 13 进入主液压缸 16 上腔；换向阀 8 右位接入使液控单向阀 9 可双向流动，下腔油液过阀 9 及阀 6 右位回油箱。由于活动横梁组件重力的作用，使上腔压力形成部分真空，高置的副油箱中的油液在大气压作用下给上腔补油，实现了主液压缸快速下行。

进油路：主泵 1→换向阀 6 右位→单向阀 13→主液压缸 16 上腔；副油箱 15→液控单向阀 14→主液压缸 16 上腔。

回油路：主液压缸 16 下腔→液控单向阀 9→换向阀 6 右位→油箱。

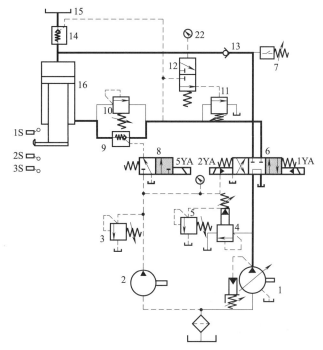

图 3-5　主液压缸快速下行

（数字编号见图 3-3）

（2）慢速加压

如图 3-6 所示，1YA 通电、5YA 断电，换向阀 6 右位接入系统，主油路过阀 6 右位，过单向阀 13 进入主液压缸 16 上腔；换向阀 8 弹簧复位，液控单向阀 9 阀口关闭，下腔油液过背压阀 10 及阀 6 右位回油箱。由于进油路压力升高，液控单向阀 14 使向上通道关闭。

进油路：主泵 1→换向阀 6 右位→单向阀 13→主液压缸 16 上腔。

回油路：主液压缸 16 下腔→背压阀 10→换向阀 6 右位→油箱。

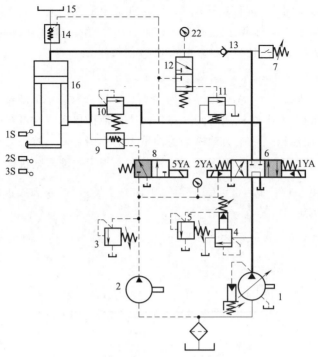

图 3-6   主液压缸慢速加压

（数字编号见图 3-3）

（3）保压延时

如图 3-7 所示，1YA 断电，主泵 1 过换向阀 6 中位卸荷；单向阀 13 和液控单向阀 14

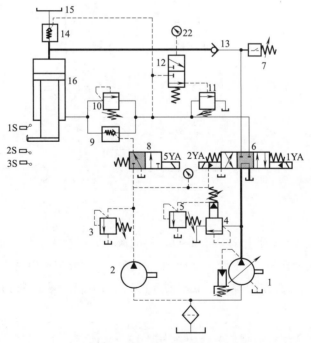

图 3-7   主液压缸保压延时

（数字编号见图 3-3）

使主液压缸上腔封闭，实现保压。保压时间取决于压力继电器控制的时间继电器。

（4）快速回程

如图3-8所示，2YA通电，换向阀6左位接入系统，主油路过阀6左位，过液控单向阀9进入主液压缸16下腔；压力油同时使液控单向阀14反向导通，上腔油液过阀14回副油箱15。

进油路：主泵1→换向阀6左位→液控单向阀9→主液压缸16下腔。

回油路：主液压缸16上腔→液控单向阀14→副油箱15。

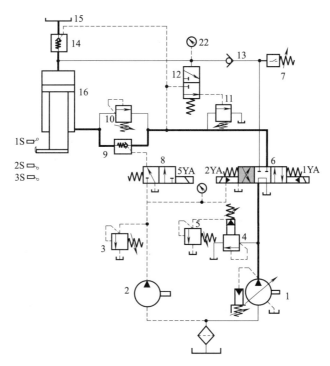

图 3-8 主液压缸快速回程

(数字编号见图3-3)

（5）原位停止

如图3-9所示，所有电磁铁断电，电液换向阀6回中位，该阀中位机能为M型，主液压缸16双向封闭，主泵1卸荷。

卸荷油路：主泵1→电液换向阀6中位→油箱。

3.3.2 顶出缸子系统

顶出缸子系统能够完成"顶出→退回"的动作循环。如图3-10所示，顶出缸子系统由主泵1、三位四通电液换向阀21、溢流阀18和顶出缸17等元件组成。溢流阀18为安全阀，限制顶出缸的最高压力。显然阀18的调压值要小于远程调压阀5的设定值。节流器19和背压阀20用于液压机的压边工艺。

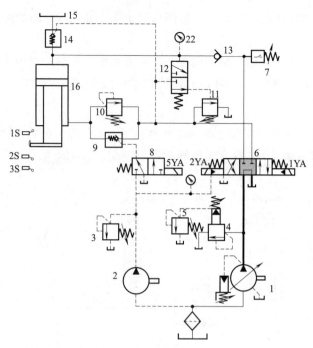

图 3-9　主液压缸原位停止

（数字编号见图 3-3）

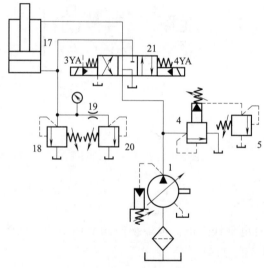

图 3-10　顶出缸子系统

（数字编号见图 3-3）

（1）顶出

如图 3-11 所示，3YA 通电，换向阀 21 左位接入系统，压力油进入顶出缸 17 下腔，活塞杆伸出，顶出工件。

> 进油路：主泵 1→换向阀 21 左位→顶出缸 17 下腔。
>
> 回油路：顶出缸 17 上腔→换向阀 21 左位→油箱。

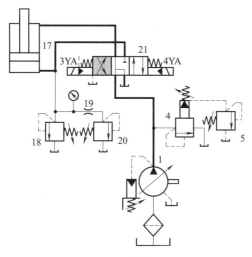

图 3-11　顶出缸顶出

（数字编号见图 3-3）

（2）退回

如图 3-12 所示，4YA 通电，换向阀 21 右位接入系统，压力油进入顶出缸 17 上腔，活塞杆退回。

进油路：主泵 1→换向阀 21 右位→顶出缸 17 上腔。

回油路：顶出缸 17 下腔→换向阀 21 右位→油箱。

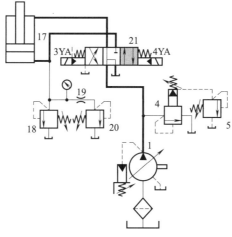

图 3-12　顶出缸退回

（数字编号见图 3-3）

3.4　液压机液压系统完整动作循环分析

（1）启动

如图 3-13 所示，按下启动按钮，主泵 1 和辅助泵 2 同时启动，此时系统中所有电磁铁均处于失电状态，主泵 1 输出的油液经电液换向阀 6、21 中位流回油箱（处于卸荷状态），辅助泵 2 输出的油液经低压溢流阀 3 流回油箱，系统实现空载启动。

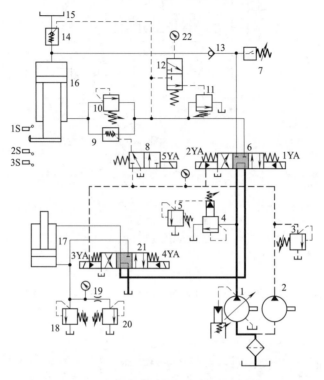

图 3-13 空载启动时的主油路及控制油路

1—主泵；2—辅助泵；3,4,18—溢流阀；5—远程调压阀；6,21—电液换向阀；7—压力继电器；
8—电磁换向阀；9,14—液控单向阀；10,20—背压阀；11—外控顺序阀；12—液控滑阀；
13—单向阀；15—副油箱；16—主液压缸；17—顶出缸；19—节流器；22—压力表

（2）主液压缸快速下行

如图 3-14 所示，按下主液压缸快速下行按钮，电磁铁 1YA、5YA 得电，电液换向阀 6 右位接入系统，控制油液经电磁阀 8 右位使液控单向阀 9 打开，主液压缸带动活动横梁实现空载快速运动。此时系统的油液流动情况如下。

> 进油路：主泵 1→换向阀 6 右位→单向阀 13→主液压缸 16 上腔。
>
> 回油路：主液压缸 16 下腔→液控单向阀 9→换向阀 6 右位→换向阀 21 中位→油箱。

由于主液压缸竖直安放，且活动横梁组件的重量较大，主液压缸在活动横梁组件自重作用下快速下降，此时泵 1 虽处于最大流量状态，但仍不能满足主液压缸快速下降的流量需要，因而在主液压缸上腔会形成负压，副油箱 15 的油液在一定的外部压力作用下，经液控单向阀（充液阀）14 进入主液压缸上腔，实现对主液压缸上腔的补油。

（3）主液压缸慢速接近工件并加压

如图 3-15 所示，当活动横梁组件降至一定位置时（事先调好），压下行程开关 2S 后，电磁铁 5YA 失电，阀 8 左位接入系统，使液控单向阀 9 关闭，主液压缸下腔油液经背压

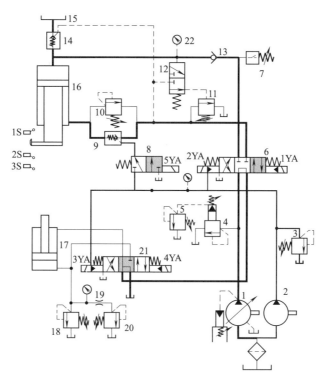

图 3-14　快速下行时的油流情况

1—主泵；2—辅助泵；3,4,18—溢流阀；5—远程调压阀；6,21—电液换向阀；7—压力继电器；
8—电磁换向阀；9,14—液控单向阀；10,20—背压阀；11—外控顺序阀；12—液控滑阀；
13—单向阀；15—副油箱；16—主液压缸；17—顶出缸；19—节流器；22—压力表

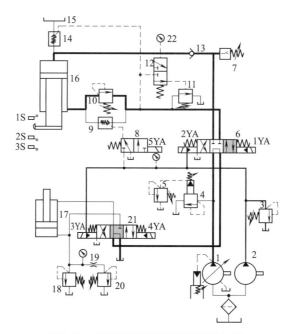

图 3-15　主液压缸慢速接近工件并加压

1—主泵；2—辅助泵；3,4,18—溢流阀；5—远程调压阀；6,21—电液换向阀；7—压力继电器；
8—电磁换向阀；9,14—液控单向阀；10,20—背压阀；11—外控顺序阀；12—液控滑阀；
13—单向阀；15—副油箱；16—主液压缸；17—顶出缸；19—节流器；22—压力表

阀 10、阀 6 右位、阀 21 中位回油箱。这时，主液压缸上腔压力升高，充液阀 14 关闭。主液压缸活动横梁组件在泵 1 供油的压力油作用下慢速接近要压制的工件。当主液压缸活动横梁组件接触工件后，由于负载急剧增加，使上腔压力进一步升高，压力反馈恒功率柱塞变量泵 1 的输出流量将自动减小。此时系统的油液流动情况如下。

> 进油路：主泵 1→换向阀 6 右位→单向阀 13→主液压缸 16 上腔。
>
> 回油路：主液压缸 16 下腔→背压阀 10→换向阀 6 右位→换向阀 21 中位→油箱。

（4）主液压缸上腔保压，泵卸荷

如图 3-16 所示，当主液压缸上腔压力达到预定值时，压力继电器 7 发出信号，使电磁铁 1YA 失电，阀 6 回中位，主液压缸的上、下腔封闭，由于阀 14 和 13 具有良好的密封性能，使主液压缸上腔实现保压，其保压时间由压力继电器 7 控制的时间继电器调整实现。在上腔保压期间，主泵 1 经由阀 6 和 21 的中位后卸荷。

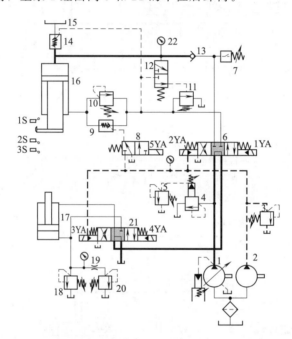

图 3-16　主液压缸上腔保压，泵卸荷

1—主泵；2—辅助泵；3,4,18—溢流阀；5—远程调压阀；6,21—电液换向阀；7—压力继电器；
8—电磁换向阀；9,14—液控单向阀；10,20—背压阀；11—外控顺序阀；12—液控滑阀；
13—单向阀；15—副油箱；16—主液压缸；17—顶出缸；19—节流器；22—压力表

（5）主液压缸上腔泄压

如图 3-17 所示，当保压过程结束，时间继电器发出信号，电磁铁 2YA 得电，阀 6 左位接入系统。由于主液压缸上腔压力很高，液动换向阀 12 上位接入系统，压力油经阀 6 左位、阀 12 上位使外控顺序阀 11 开启，此时泵 1 输出油液经顺序阀 11 流回油箱，泵 1 在低压下工作。由于充液阀 14 的阀芯为复合式结构，具有先卸荷再开启的功能，所以阀 14 在泵 1 较低压力作用下，只能打开其阀芯上的卸荷针阀，使主液压缸上腔的很小一部分油液经充液阀 14 流回副油箱 15。此时系统的油液流动情况如下。

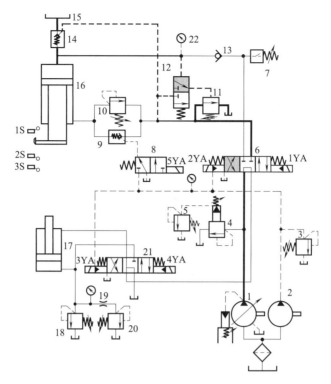

图 3-17 主液压缸上腔泄压

1—主泵；2—辅助泵；3,4,18—溢流阀；5—远程调压阀；6,21—电液换向阀；7—压力继电器；
8—电磁换向阀；9,14—液控单向阀；10,20—背压阀；11—外控顺序阀；12—液控滑阀；
13—单向阀；15—副油箱；16—主液压缸；17—顶出缸；19—节流器；22—压力表

> 主油路：主泵 1→换向阀 6 左位→外控顺序阀 11→油箱。
> 泄压油路：主液压缸 16 上腔→液控单向阀 14→副油箱 15。

（6）主液压缸回程

如图 3-18 所示，当上腔压力降到一定值后，阀 12 弹簧复位使下位接入系统，外控顺序阀 11 关闭，泵 1 供油压力升高，使阀 14 向上流动阀口完全打开，上腔油液回副油箱 15，驱动主液压缸返回。此时系统的液体流动情况如下。

> 进油路：主泵 1→换向阀 6 左位→液控单向阀 9→主液压缸 16 下腔。
> 回油路：主液压缸 16 上腔→液控单向阀 14→副油箱 15。

（7）主液压缸原位停止

主液压缸活动横梁组件上升至行程挡块压下行程开关 1S，使电磁铁 2YA 失电，阀 6 中位接入系统，液控单向阀 9 将主缸下腔封闭，主液压缸在起点原位停止不动。泵 1 输出油液经阀 6、21 中位回油箱，泵 1 卸荷。主液压缸原位停止时的油液流动情况与空载启动相同。

（8）顶出缸顶出

如图 3-19 所示，电磁铁 3YA 得电，换向阀 21 左位接入系统，顶出缸 17 活塞上行，

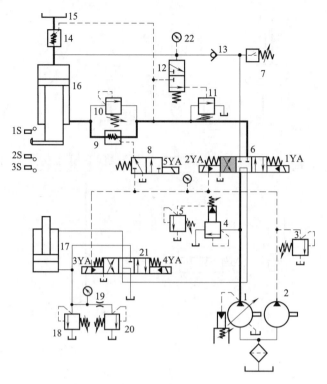

图 3-18　主液压缸回程

1—主泵；2—辅助泵；3,4,18—溢流阀；5—远程调压阀；6,21—电液换向阀；7—压力继电器；
8—电磁换向阀；9,14—液控单向阀；10,20—背压阀；11—外控顺序阀；12—液控滑阀；
13—单向阀；15—副油箱；16—主液压缸；17—顶出缸；19—节流器；22—压力表

顶出压好的工件。在顶出工况时，溢流阀（安全阀）18限制系统的最高压力。此时系统的油液流动情况如下。

> 进油路：主泵1→换向阀6中位→换向阀21左位→顶出缸17下腔。
>
> 回油路：顶出缸17上腔→换向阀21左位→油箱。

（9）顶出缸退回

如图3-20所示，电磁铁3YA失电，4YA得电，换向阀21右位接入系统，顶出缸活塞下行，使顶出缸组件退回到原位。此时系统的油液流动情况如下。

> 进油路：主泵1→换向阀6中位→换向阀21右位→顶出缸17上腔。
>
> 回油路：顶出缸17下腔→换向阀21右位→油箱。

（10）浮动压边

有些压力加工工艺需要对工件进行压紧拉伸，当在压力机上用模具进行薄板拉伸压边时，要求下横梁组件（顶出缸）上升到一定位置实现上、下模具的合模，使合模后的模具既保持一定的压力将工件夹紧，又使模具随活动横梁组件的下压而下降（浮动压边）。如图3-21所示，换向阀21处于中位，由于主液压缸的压紧力远远大于顶出缸的上顶力，主液压缸活动横梁组件下压时顶出缸活塞被迫随之下行，顶出缸下腔油液经节流器19和背压

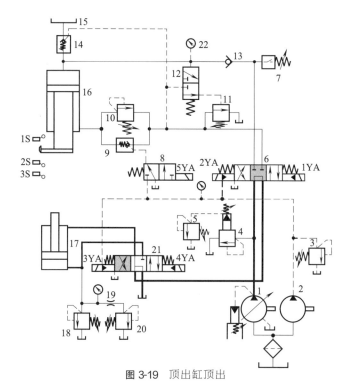

图 3-19　顶出缸顶出

1—主泵；2—辅助泵；3,4,18—溢流阀；5—远程调压阀；6,21—电液换向阀；7—压力继电器；
8—电磁换向阀；9,14—液控单向阀；10,20—背压阀；11—外控顺序阀；12—液控滑阀；
13—单向阀；15—副油箱；16—主液压缸；17—顶出缸；19—节流器；22—压力表

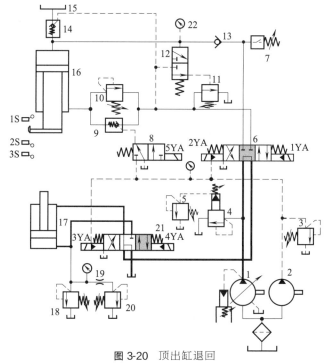

图 3-20　顶出缸退回

1—主泵；2—辅助泵；3,4,18—溢流阀；5—远程调压阀；6,21—电液换向阀；7—压力继电器；
8—电磁换向阀；9,14—液控单向阀；10,20—背压阀；11—外控顺序阀；12—液控滑阀；
13—单向阀；15—副油箱；16—主液压缸；17—顶出缸；19—节流器；22—压力表

阀 20 流回油箱，使顶出缸下腔保持所需的向上的压边压力。调节背压阀 20 的开启压力大小即可起到改变浮动压边力大小的作用。顶出缸上腔经阀 21 中位从油箱补油，溢流阀 18 为顶出缸下腔安全阀，只有在顶出缸下腔压力过载时才起作用。

主液压缸油流路线如下。

进油路：主泵 1→换向阀 6 右位→单向阀 13→主液压缸 16 上腔。

回油路：主液压缸 16 下腔→液控单向阀 9→换向阀 6 右位→换向阀 21 中位→油箱。

顶出缸油流路线如下。

进油路：油箱→换向阀 21 中位→顶出缸 17 上腔。

回油路：顶出缸 17 下腔→节流器 19→背压阀 20→油箱。

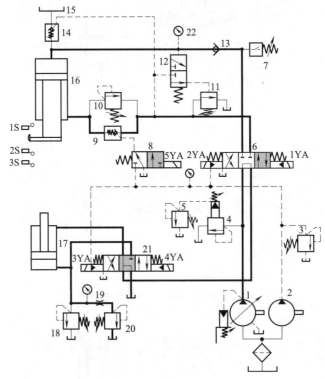

图 3-21　浮动压边

1—主泵；2—辅助泵；3,4,18—溢流阀；5—远程调压阀；6,21—电液换向阀；7—压力继电器；
8—电磁换向阀；9,14—液控单向阀；10,20—背压阀；11—外控顺序阀；12—液控滑阀；
13—单向阀；15—副油箱；16—主液压缸；17—顶出缸；19—节流器；22—压力表

3.5　构成液压机液压系统的基本回路分析

3.5.1　自重补油的快速运动回路

图 3-22 所示为自重补油的快速运动回路。当 1YA、5YA 通电，电液换向阀 6 和电磁

换向阀 8 右位接入回路时，由于运动部件的自重作用，使活塞快速下降。此时，因液压泵供油不足，液压缸上腔将会出现部分真空，安置在液压机顶部的副油箱 15 在油液自重和大气压力的作用下，通过液控单向阀（充液阀）14 向液压缸 16 上腔补油；当运动部件接触到工件负载增加时，液压缸上腔压力升高，充液阀 14 关闭，此时只靠液压泵供油，使活塞运动速度降低。回程时，电液换向阀 6 左位接入回路，压力油进入液压缸下腔，同时打开液控单向阀 14，液压缸上腔低压回油进入副油箱 15。为防止活塞快速下降时液压缸上腔吸油不充分，副油箱常被充压油箱代替，实现强制充液。这种回路用于垂直运动部件质量较大的液压机系统。

快速运动时的主油路油流路线如下。

进油路：主泵 1→换向阀 6 右位→主液压缸 16 上腔；副油箱 15→液控单向阀 14→主液压缸 16 上腔。

回油路：主液压缸 16 下腔→液控单向阀 9→换向阀 6 右位→油箱。

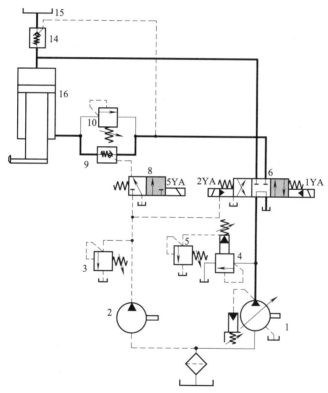

图 3-22 自重补油的快速运动回路

（数字编号见图 3-3）

3.5.2 卸荷回路

液压泵的输出功率等于压力和流量的乘积，因此液压系统卸荷有两种方法。一种是将液压泵出口的流量通过液压阀的控制直接接回油箱，使液压泵在接近零压的状况下输出流量，这种卸荷方式称为压力卸荷。另一种是使液压泵在输出流量接近零的状态下工作，此时尽管液压泵工作的压力很高，但其输出流量接近零，液压功率也接近零，这种卸荷方式称为流量卸荷。此方法比较简单，但泵仍处在高压状态下运行，磨损比较严重。

利用三位换向阀 M、H、K 型等中位机能的结构特点，可以实现液压泵的卸荷。图 3-23 所示为采用 M 型中位机能的液压机液压系统卸荷回路，这种卸荷回路的结构简单，操控方便。

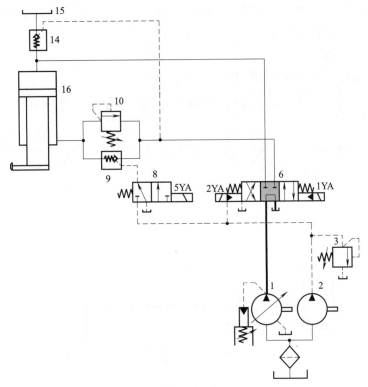

图 3-23　卸荷回路

（数字编号见图 3-3）

 知识扩展：换向阀的中位机能

三位换向阀的阀芯在中间位置时，各通口间有不同的连通方式，可满足不同的使用要求，这种连通方式称为换向阀的中位机能。

三位四通换向阀常见的中位机能、符号及其特点列于表 3-1 中。三位五通换向阀的情况与此相仿。不同的中位机能是通过改变阀芯的形状和尺寸得到的。

⊡ 表 3-1　三位四通换向阀的中位机能举例

中位机能	符　号	特　点
O 型	A B P T	液压阀从其他位置转换到中位时,执行元件立即停止,换向位置精度高,但液压冲击大;执行元件停止工作后,油液被封闭在阀后的管路及元件中,重新启动时较平稳;在中位时液压泵不卸荷

中位机能	符 号	特 点
H 型	A B P T	换向平稳,液压缸冲出量大,换向位置精度低;执行元件浮动;重新启动时有冲击;在中位时液压泵卸荷
Y 型	A B P T	P 口封闭,A、B、T 口相通。换向平稳,液压缸冲出量大,换向位置精度低;执行元件浮动;重新启动时有冲击;在中位时液压泵不卸荷
P 型	A B P T	T 口封闭,P、A、B 口相通。换向平稳,液压缸冲出量大,换向位置精度低;执行元件浮动(差动液压缸不能浮动);重新启动时有冲击;在中位时液压泵不卸荷
M 型	A B P T	液压阀从其他位置转换到中位时,执行元件立即停止,换向位置精度高,但液压冲击大;执行元件停止工作后,执行元件及管路充满油液,重新启动时较平稳;在中位时液压泵卸荷
K 型	A B P T	B 口封闭,P、A、T 口相通。活塞处于闭锁状态,泵卸荷
X 型	A B P T	四油口处于半开启状态,泵基本上卸荷,但仍保持一定压力
J 型	A B P T	P 口与 A 口封闭,B 口与 T 口相通。活塞停止,但在外力作用下可向一边移动,泵不卸荷
C 型	A B P T	P 口与 A 口相通,B 口与 T 口封闭。活塞处于停止位置
U 型	A B P T	P 口和 T 口封闭,A 口与 B 口相通。活塞浮动,在外力作用下可移动,泵不卸荷

在分析和选择阀的中位机能时,通常考虑以下几个问题。

① 系统保压。当 P 口被堵塞,系统保压,液压泵能用于多缸系统;当 P 口不太通畅地与 T 口接通时(如 X 型),系统能保持一定的压力供控制油路使用。

② 系统卸荷。P 口通畅地与 T 口接通时,系统卸荷(如 H、K、M 型)。

③ 启动平稳性。阀在中位时,液压缸某腔如通油箱,则启动时该腔内因无油液起缓冲作用,启动不太平稳。

④ 液压缸浮动和在任意位置上的停止。阀在中位,当 A、B 两口互通时,卧式液压缸呈浮动状态,可利用其他机构移动工作台,调整其位置;当 A、B 两口堵住或与 P 口连接(在非差动情况下)时,则可使液压缸在任意位置处停下来。

3.5.3 保压回路

保压回路的功能在于使系统在液压缸加载不动或因工件变形而产生微小位移的工况下能保持稳定不变的压力，并使液压泵处于卸荷状态。保压性能的两个主要指标为保压时间和压力稳定性。

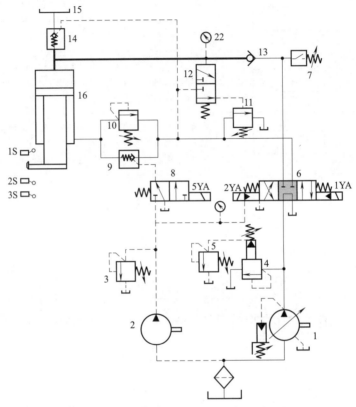

图 3-24 保压回路

（数字编号见图 3-3）

液压机液压系统采用了液控单向阀和普通单向阀的保压回路，如图 3-24 所示。在主液压缸上腔加压后，1YA 断电，换向阀 6 回中位，液压泵卸荷。普通单向阀 13 封闭了上腔向右的通路，液控单向阀 14 封闭了上腔向上的通路，若不考虑泄漏，上腔压力保持不变。单纯采用单向阀实现保压，阀座的磨损和油液的污染会使保压性能降低。它适用于保压时间短、对保压稳定性要求不高的场合。

 知识扩展：常见的保压回路

（1）自动补油的保压回路

图 3-25 所示为采用液控单向阀 3、电接触式压力表 4 的自动补油的保压回路，它利用了液控单向阀结构简单并具有一定保压性能的长处，避开了直接用泵供油保压而大量

消耗功率的缺点。当换向阀 2 右位接入回路时，活塞下降加压，当压力上升到压力表 4 上限触点调定压力时，压力表发出电信号，使换向阀 2 中位接入回路，泵 1 卸荷，液压缸由液控单向阀 3 保压；当压力下降至压力表 4 下限触点调定压力时，压力表发出电信号，使换向阀 2 右位接入回路，泵 1 又向液压缸供油，使压力回升。这种回路保压时间长，压力稳定性高，液压泵基本处于卸荷状态，系统功率损失小。

（2）采用辅助泵或蓄能器的保压回路

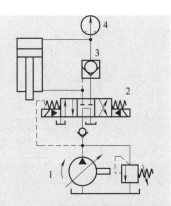

图 3-25　自动补油的保压回路
1—液压泵；2—电液换
向阀；3—液控单向阀；
4—电接触式压力表

如图 3-26 所示，在回路中可增设一台小流量高压泵 5。当液压缸加压完毕要求保压时，由压力继电器 4 发信，使换向阀 2 中位接入回路，主泵 1 实现卸荷；同时二位二通换向阀 8 处于左位，由高压辅助泵 5 向封闭的保压系统供油，维持系统压力稳定。由于辅助泵只需补偿系统的泄漏量，可选用微小流量泵，尽量减少系统的功率损失。泵 5 的压力由溢流阀 7 确定，回路中 6 为节流阀，其阀口开度按系统泄漏量的大小调节。如果用蓄能器来代替辅助泵 5 也可以达到上述目的。

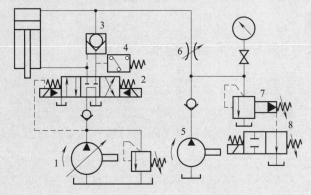

图 3-26　采用辅助泵的保压回路
1—主泵；2,8—换向阀；3—液控单向阀；4—压力继电器；5—辅助泵；6—节流阀；7—溢流阀

3.6　典型元件分析

3.6.1　斜盘式轴向柱塞泵

液压机液压系统的主泵采用的是高压大流量压力补偿型恒功率变量柱塞泵，所谓恒功率是在轴向柱塞泵的主体上增加了一套压力反馈的变量机构。

图 3-27 所示为斜盘式轴向柱塞泵的工作原理。这种泵主要由缸体 1、配油盘 2、柱塞 3 和斜盘 4 等组成。柱塞沿圆周均匀分布在缸体内。斜盘轴线与缸体轴线倾斜一角度 γ，柱塞靠机械装置或在低压油作用下压紧在斜盘上（图 3-27 中为弹簧），配油盘 2 和斜盘 4

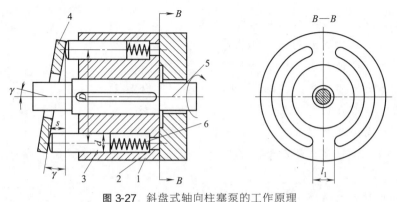

图 3-27 斜盘式轴向柱塞泵的工作原理

1—缸体；2—配油盘；3—柱塞；4—斜盘；5—传动轴；6—弹簧

固定不转，当原动机通过传动轴 5 使缸体 1 转动时，由于斜盘和弹簧的作用，柱塞在缸体内作往复运动，并通过配油盘的配油口进行吸油和压油。如图 3-27 中所示回转方向，当缸体转角在 π～2π 范围内，柱塞向外伸出，柱塞底部的密封容积增大，通过配油盘的吸油口吸油；在 0～π 范围内，柱塞被斜盘推入缸体，使密封容积减小，通过配油盘的压油口压油。缸体每转一转，每个柱塞各完成吸、压油各一次，如改变斜盘倾角 γ，就能改变柱塞行程的长度，即改变液压泵的排量，改变斜盘倾角方向，就能改变吸油和压油的方向，即成为双向变量泵。

 知识扩展：柱塞泵的特点及分类

　　柱塞泵是利用柱塞在缸体内作往复运动，产生密封容积变化来实现泵的吸油和压油的。由于柱塞和柱塞孔都是回转表面，因此加工方便，配合精度高，密封性能好，容积效率高；同时，柱塞处于受压状态时，能使材料的强度性能得到充分发挥。它可通过改变柱塞的工作行程改变泵的排量，故易于实现排量调节及液流方向的改变。

　　柱塞泵按柱塞的排列和运动方向不同，可分为径向柱塞泵和轴向柱塞泵两大类。

3.6.2　带卸荷阀芯的复式液控单向阀

　　在泄压回路中需要采用带有卸荷阀芯的复式液控单向阀，图 3-28 所示为复式液控单向阀的工作原理。主阀芯 3 下端开有一个轴向小孔，轴向小孔由卸荷阀芯推杆 6 封闭。当 P_2 口的高压油液需反向流向 P_1 口时，控制压力油通过控制活塞 1 将卸荷阀芯推杆 6 以及卸荷阀芯 4 向上顶起一段较小的距离，使 P_2 口的高压油瞬时从主阀芯的径向孔及轴向小孔与卸荷阀芯推杆下端之间的环形缝隙流出，P_2 口的压力随即下降，实现泄压；然后，主阀芯被控制活塞顶开，使反向油液顺利流过。由于卸荷阀芯的控制面积小，仅需用较小的力即可顶开卸荷阀芯，大大降低了反向开启所需要的控制压力。

3.6.3　压力表

　　压力表用于观察液压系统中各工作点（如液压泵出口、减压阀后等）的压力，以便于操作人员把系统的压力调整到要求的工作压力。

压力表的种类很多，最常用的是弹簧管式压力表，如图 3-29 所示。当压力油进入扁截面金属弯管 1 时，弯管变形而使其曲率半径加大，端部的位移通过杠杆 4 使齿扇 5 摆动。于是与齿扇 5 啮合的小齿轮 6 带动指针 2 转动，此时就可在刻度盘 3 上读出压力值。

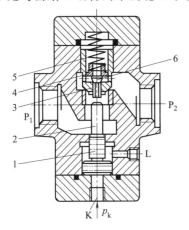

图 3-28 带卸荷阀芯的复式液控单向阀的工作原理

1—控制活塞；2—推杆；3—主阀芯；4—卸荷阀芯；5—弹簧；6—卸荷阀芯推杆

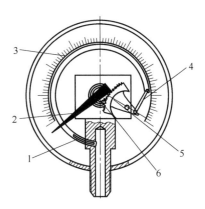

图 3-29 压力表的工作原理

1—弯管；2—指针；3—刻度盘；4—杠杆；5—齿扇；6—小齿轮

3.7 液压系统特点

① 液压机液压系统是典型的以压力控制为主的液压传动系统。本机具有远程调压阀控制的调压回路，使控制油路获得稳定低压的低压回路，使主泵低压卸荷的卸荷回路，使主缸上腔保压的保压回路，为了换向平稳的泄压回路，可以实现主缸任意位置停止的平衡回路。

② 系统采用高压大流量变量柱塞泵供油，通过电液换向阀 6、21 的中位机能使主泵 1 空载启动，在主液压缸和顶出缸原位停止时主泵 1 卸荷，利用系统工作过程中工作压力的变化来自动调节主泵 1 的输出流量与主液压缸的运动状态相适应，这样既符合液压机的工艺要求，又节省能量。

③ 系统利用活动横梁组件的自重实现主液压缸快速下行，并用充液阀 14 补油，使快速运动回路结构简单，补油充分，且使用的元件少。

④ 系统采用带卸荷阀芯的液控单向阀（充液阀）14、液动换向阀 12 和外控顺序阀 11 组成的泄压回路，结构简单，减小了主液压缸由保压转换为快速回程时的液压冲击。

⑤ 系统采用单向阀 13、14 保压并使系统卸荷的保压回路，在主液压缸上腔实现保压的同时实现系统卸荷，因此系统节能效率高。

⑥ 系统采用液控单向阀 9 和内控顺序阀组成的平衡回路，使主液压缸组件在任何位置能够停止，且能够长时间保持在锁定的位置上。

⑦ 采用电液换向阀换向，适合高压大流量液压系统的要求。换向阀采用串联接法，顶出缸与主缸运动互锁，只有主缸不运动时，压力油才能进入阀 21 使顶出缸运动，这是一种安全措施。

⑧ 驱动主缸和顶出缸工作的两个子系统各有一个溢流阀起安全阀的作用。

第**4**章

工业机械手液压系统分析

4.1 工业机械手简介

工业机械手是模仿人的手部动作，按给定程序实现自动抓取、搬运和其他操作的自动装置。机械手是在机械化、自动化生产过程中发展起来的，在现代生产过程中广泛应用于自动生产线中。其特点是可通过编程来完成各种预期的作业，尤其适于在高温、高压、多粉尘、易燃、易爆的恶劣场合。

机械手一般由执行机构、驱动机构、控制系统及检测装置等部分组成。执行机构包括手指、手腕、手臂和立柱等。驱动机构是驱动手臂、手腕、手指等构件的动力装置，通常有气动、液压、电动三种形式。

液压机械手是以油液的压力能来驱动执行机构运动的机械手。其特点是抓重能力大，结构小巧轻便，传动平稳，动作灵便，可无级调速，进行连续轨迹控制。

4.2 工业机械手液压系统的组成

4.2.1 了解系统

工业机械手是采用圆柱坐标式的全液压驱动机械手，由手臂伸缩、手臂升降、手臂回转、手腕回转、手指夹紧和回转定位等机构组成，每一部分均由液压缸驱动与控制，实现手臂升降、伸缩、回转和手腕回转等动作。工业机械手液压系统图如图 4-1 所示。

4.2.2 组成元件及功能

浏览图 4-1 所示的液压系统图，按照动力元件、执行元件、控制元件和辅助元件的顺序确定系统的组成元件，并初步确定各个元件的功能。

（1）动力元件
能量转换元件，把原动机的机械能转换为压力能。

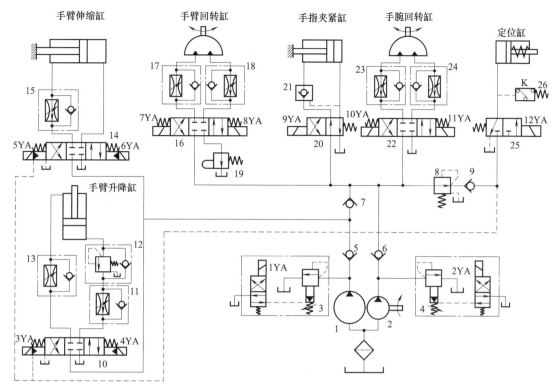

图 4-1 工业机械手液压系统图

1，2—液压泵；3，4—电磁溢流阀；5，6，7，9—单向阀；8—减压阀；10，14—电液换向阀；

11，13，15，17，18，23，24—单向调速阀；12—单向顺序阀；19—行程节流阀；

16，20，22，25—电磁换向阀；21—液控单向阀；26—压力继电器

2 台单向定量液压泵，为系统提供油源。

（2）执行元件

能量转换元件，把液压系统的压力能转换为机械能，驱动各运动部件完成规定的动作。

3 个单杆活塞缸。手臂升降缸、手臂伸缩缸和手指夹紧缸，分别驱动手臂和手指动作。

1 个单作用缸。定位缸，实现插销定位及拔销。

2 个摆动缸。手臂回转缸和手腕回转缸，驱动手臂和手腕的回转。

（3）控制元件

通过控制油液的压力、流量及流动方向，使执行元件完成规定的动作。

2 个电磁溢流阀。电磁溢流阀 3 和 4 调定系统的工作压力，接在先导式溢流阀远程控制口上的电磁阀可实现液压泵卸荷。

1 个减压阀。接在定位缸的进油路上，把系统较高的压力降下来并保持恒定，向定位缸提供稳定的低压油。

6 个换向阀。2 个电液换向阀 10 和 14 分别控制手臂的升降和伸缩；三位四通电磁换向阀 16 和 22 分别控制手臂和手腕的回转；二位四通电磁换向阀 20 控制手指夹紧缸的换

向；二位三通电磁换向阀 25 控制定位缸的换向，实现插、拔销动作。

4 个单向阀。单向阀 5、6、7，分开油路；单向阀 9 可实现定位缸的短时保压。

7 个单向调速阀。分别控制手臂升降、伸缩、回转和手腕回转的运动速度。

1 个单向顺序阀。也称平衡阀，使手臂升降缸不会因自重而下落。

1 个液控单向阀。使手指夹紧缸单向封闭，保证手指夹紧的安全可靠。

1 个压力继电器。接收压力信号，发出电信号，控制电磁换向阀电磁铁的动作。

1 个行程节流阀。通过行程控制，保证手臂回转精准到位，安全可靠。

（4）辅助元件

1 个过滤器。过滤油液，去除污染物。

1 个油箱。储存油液，同时还有排污和散热的功能。

4.3 划分并分析子系统

按照执行元件的个数将系统分解成子系统，则液压系统图的分析更加容易。为更好地理解和分析液压系统图，分解后的子系统图保留了原系统图的编号。

按照各传动机构可将图 4-1 所示的工业机械手液压系统分为六个子系统，分别实现定位、手臂升降、手臂伸缩、手臂回转、手腕回转及手指夹紧等功能。

4.3.1 定位子系统

定位子系统能够驱动定位缸完成插销和拔销动作，以保证工业机械手的重复位置精度。如图 4-2 所示，定位子系统由液压泵、溢流阀、单向阀、减压阀、换向阀、压力继电器和液压缸等组成，各元件功能如前所述。

（1）插销定位

如图 4-3 所示，2YA 断电、12YA 通电，电磁溢流阀 4 使液压泵 2 定压溢流，二位三通换向阀 25 右位接入，压力油进入定位缸，实现插销定位。

油流路线：液压泵 2→单向阀 6→减压阀 8→单向阀 9→二位三通换向阀 25 右位→定位缸左腔。

（2）拔定位销

定位缸是单作用缸，拔定位销通过弹簧力驱动活塞左移实现，此时 12YA 断电，换向阀 25 弹簧复位使左位接入系统，如图 4-4 所示。

油流路线：定位缸左腔→换向阀 25 左位→油箱。

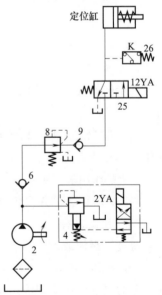

图 4-2 定位子系统

（数字编号见图 4-1）

4.3.2 手臂升降子系统

如图 4-5 所示，手臂升降子系统由液压泵 1、2，电磁溢流阀 3、4，单向阀 5、6，电液换向阀 10，单向调速阀 11、13，单向顺序阀 12 及手臂升降缸等组成。该子系统由双定

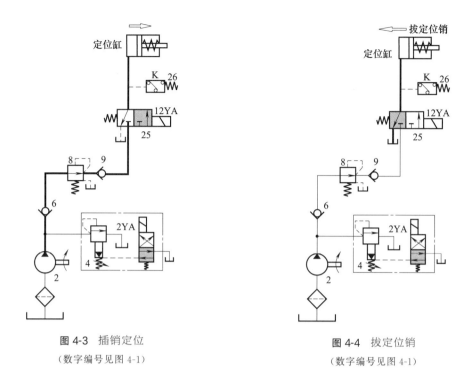

图 4-3　插销定位

（数字编号见图 4-1）

图 4-4　拔定位销

（数字编号见图 4-1）

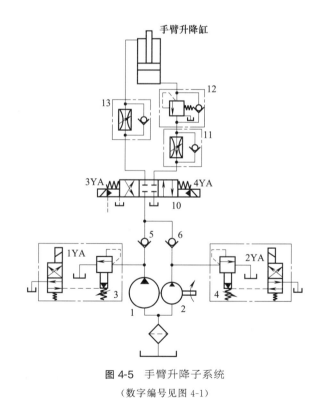

图 4-5　手臂升降子系统

（数字编号见图 4-1）

量泵供油，溢流阀定压，两个调速阀分别调定手臂升降的速度，并由电液换向阀 10 换向完成升降转换；单向阀分开油路，防止系统压力波动对液压泵造成冲击。

（1）手臂上升

如图 4-6 所示，1YA、2YA 断电，使双泵供油，3YA 通电，使换向阀 10 左位接入，手臂升降缸上行，手臂上升。

进油路：液压泵 1→单向阀 5→电液换向阀 10 左位→单向调速阀 11→单向顺序阀 12→手臂升降缸下腔；液压泵 2→单向阀 6→电液换向阀 10 左位→单向调速阀 11→单向顺序阀 12→手臂升降缸下腔。

回油路：手臂升降缸上腔→单向调速阀 13→电液换向阀 10 左位→油箱。

（2）手臂下降

如图 4-7 所示，1YA、2YA 断电，使双泵供油，4YA 通电，使换向阀 10 右位接入，手臂升降缸下行，手臂下降。

进油路：液压泵 1→单向阀 5→电液换向阀 10 右位→单向调速阀 13→手臂升降缸上腔；液压泵 2→单向阀 6→电液换向阀 10 右位→单向调速阀 13→手臂升降缸上腔。

回油路：手臂升降缸下腔→单向顺序阀 12→单向调速阀 11→电液换向阀 10 右位→油箱。

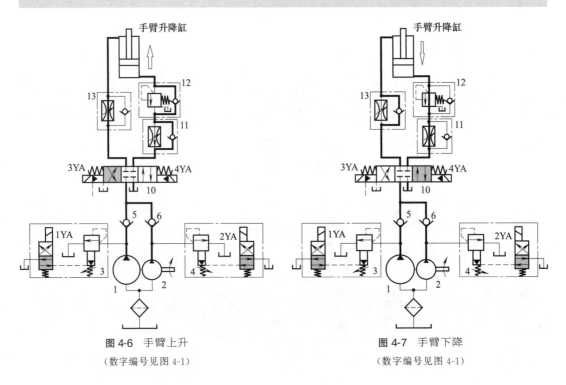

图 4-6　手臂上升
（数字编号见图 4-1）

图 4-7　手臂下降
（数字编号见图 4-1）

4.3.3　手臂伸缩子系统

如图 4-8 所示，手臂伸缩子系统由液压泵 1、2，电磁溢流阀 3、4，单向阀 5、6，电液换向阀 14，单向调速阀 15 及手臂伸缩缸等组成。该子系统由双定量泵供油，溢流阀定压，调速阀 15 调定手臂伸出的速度，并由电液换向阀 14 换向完成手臂伸缩的转换。

（1）手臂伸出

如图 4-9 所示，1YA、2YA 断电，使双泵供油，5YA 通电，使换向阀 14 左位接入，手臂伸缩缸右移，手臂伸出。

> 进油路：液压泵 1→单向阀 5→电液换向阀 14 左位→手臂伸缩缸右腔；液压泵 2→单向阀 6→电液换向阀 14 左位→手臂伸缩缸右腔。
>
> 回油路：手臂伸缩缸左腔→单向调速阀 15→电液换向阀 14 左位→油箱。

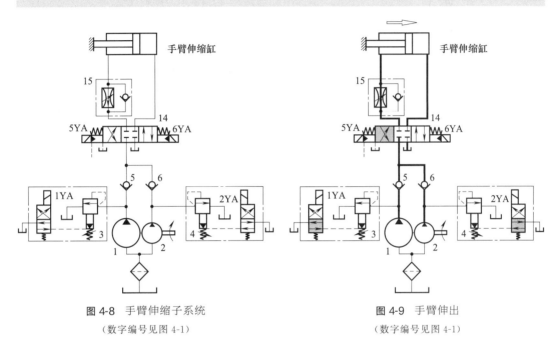

图 4-8 手臂伸缩子系统
（数字编号见图 4-1）

图 4-9 手臂伸出
（数字编号见图 4-1）

（2）手臂缩回

如图 4-10 所示，1YA、2YA 断电，使双泵供油，6YA 通电，使换向阀 14 右位接入，手臂伸缩缸左移，手臂缩回。

> 进油路：液压泵 1→单向阀 5→电液换向阀 14 右位→单向调速阀 15→手臂伸缩缸左腔；液压泵 2→单向阀 6→电液换向阀 14 右位→单向调速阀 15→手臂伸缩缸左腔。
>
> 回油路：手臂伸缩缸右腔→电液换向阀 14 右位→油箱。

4.3.4 手臂回转子系统

如图 4-11 所示，手臂回转子系统由液压泵 2，电磁溢流阀 4，单向阀 6，三位四通电磁换向阀 16，单向调速阀 17、18，行程节流阀 19 及手臂回转缸等组成。该子系统由定量泵供油，电磁溢流阀定压，两个调速阀分别调定手臂正、反转的速度，并由电磁换向阀 16 换向完成手臂的正、反转转换；单向阀 6 分开油路，防止系统压力波动对液压泵造成冲击；手臂回转部分质量较大，转速较高，惯性矩较大，手臂回转缸除采用单向调速阀回油节流调速外，还在回油路上安装有行程节流阀 19 进行减速缓冲，最后由定位缸插销定位，满足定位精度要求。

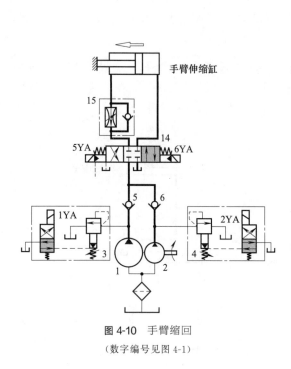

图 4-10　手臂缩回

（数字编号见图 4-1）

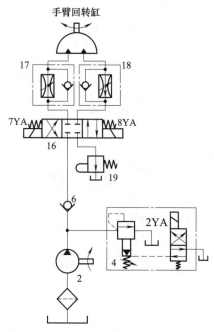

图 4-11　手臂回转子系统

（数字编号见图 4-1）

（1）手臂正转

如图 4-12 所示，2YA 断电，使液压泵 2 供油，7YA 通电，使电磁换向阀 16 左位接入，手臂回转缸摆动，手臂正转。

进油路：液压泵 2→单向阀 6→电磁换向阀 16 左位→单向调速阀 18→手臂回转缸。

回油路：手臂回转缸→单向调速阀 17→电磁换向阀 16 左位→行程节流阀 19→油箱。

（2）手臂反转

如图 4-13 所示，2YA 断电，使液压泵 2 供油，8YA 通电，使电磁换向阀 16 右位接入，手臂回转缸摆动，手臂反转。

进油路：液压泵 2→单向阀 6→电磁换向阀 16 右位→单向调速阀 17→手臂回转缸。

回油路：手臂回转缸→单向调速阀 18→电磁换向阀 16 右位→行程节流阀 19→油箱。

4.3.5　手腕回转子系统

如图 4-14 所示，手腕回转子系统由液压泵 2，电磁溢流阀 4，单向阀 6，三位四通电磁换向阀 22，单向调速阀 23、24 及手腕回转缸等组成。该子系统由定量泵供油，电磁溢流阀定压，两个调速阀分别调定手腕正、反转的速度，并由电磁换向阀 22 换向完成手腕的正、反转转换。

（1）手腕正转

如图 4-15 所示，2YA 断电，使液压泵 2 供油，10YA 通电，使电磁换向阀 22 左位接

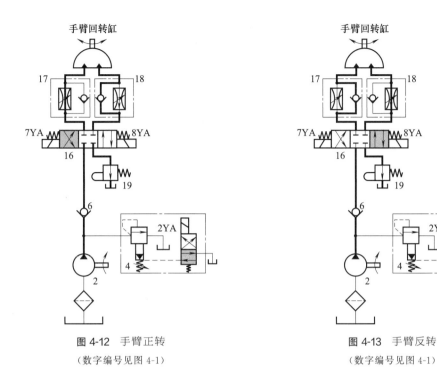

图 4-12 手臂正转
(数字编号见图 4-1)

图 4-13 手臂反转
(数字编号见图 4-1)

入,手腕回转缸摆动,手腕正转。

进油路:液压泵 2→单向阀 6→电磁换向阀 22 左位→单向调速阀 24→手腕回转缸。

回油路:手腕回转缸→单向调速阀 23→电磁换向阀 22 左位→油箱。

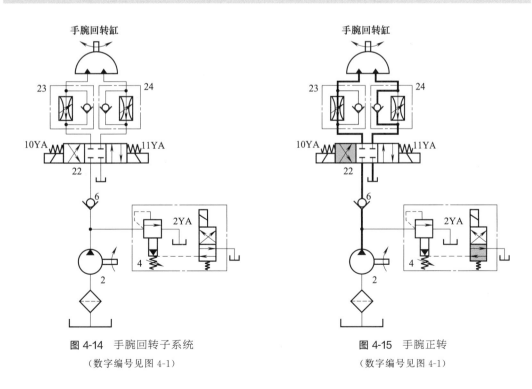

图 4-14 手腕回转子系统
(数字编号见图 4-1)

图 4-15 手腕正转
(数字编号见图 4-1)

（2）手腕反转

如图 4-16 所示，2YA 断电，使液压泵 2 供油，11YA 通电，使电磁换向阀 22 右位接入，手腕回转缸摆动，手腕反转。

> 进油路：液压泵 2→单向阀 6→电磁换向阀 22 右位→单向调速阀 23→手腕回转缸。
>
> 回油路：手腕回转缸→单向调速阀 24→电磁换向阀 22 右位→油箱。

4.3.6　手指夹紧子系统

如图 4-17 所示，手指夹紧子系统由液压泵 2，电磁溢流阀 4，单向阀 6，二位四通电磁换向阀 20，液控单向阀 21 及手指夹紧缸等组成。该子系统由定量泵供油，电磁溢流阀定压，并由电磁换向阀 20 换向完成手指的夹紧与张开转换。

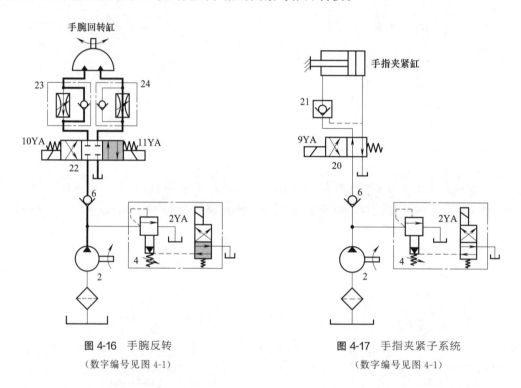

图 4-16　手腕反转　　　　　　　　　　　图 4-17　手指夹紧子系统
（数字编号见图 4-1）　　　　　　　　　　（数字编号见图 4-1）

（1）手指夹紧

如图 4-18 所示，2YA 断电，使液压泵 2 供油，9YA 断电，使电磁换向阀 20 右位接入，手指夹紧缸向左运动，手指夹紧。

> 进油路：液压泵 2→单向阀 6→电磁换向阀 20 右位→液控单向阀 21→手指夹紧缸左腔。
>
> 回油路：手指夹紧缸右腔→电磁换向阀 20 右位→油箱。

（2）手指张开

如图 4-19 所示，2YA 断电，使液压泵 2 供油，9YA 通电，使电磁换向阀 20 左位接入，手指夹紧缸向右运动，手指张开。

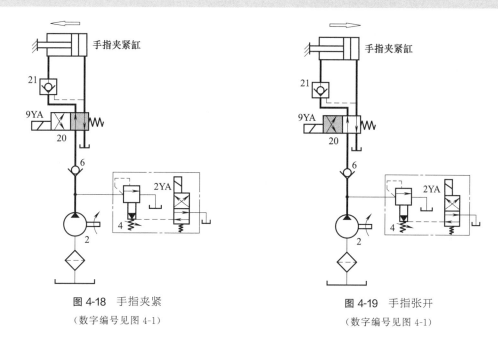

图 4-18　手指夹紧

（数字编号见图 4-1）

图 4-19　手指张开

（数字编号见图 4-1）

4.4　工业机械手液压系统完整动作循环分析

工业机械手完成的动作循环为：插销定位→手臂前伸→手指张开→手指抓料→手臂上升→手臂缩回→手腕回转 $180°$→拔定位销→手臂回转 $95°$→插销定位→手臂前伸→手臂中停（此时主机的夹头下降夹料）→手指张开（此时主机夹头夹料上升）→手指闭合→手臂缩回→手臂下降→手腕复位→拔定位销→手臂复位→待料（泵卸荷）。液压系统图如图 4-1 所示。各执行机构均由电控系统控制相应的电磁换向阀，按程序依次完成动作。

在机械手工作前，先启动双联叶片泵 1、2，使两泵同时供油，使电磁铁 1YA 和 2YA 同时通电，油液经溢流阀 3 和 4 回油箱，机械手处于待料状态。

（1）插销定位

当棒料到达待上料位置后，启动程序动作，使电磁铁 1YA 通电、电磁铁 2YA 断电、电磁铁 12YA 通电，泵 1 继续卸荷，泵 2 停止卸荷，给系统供油，使定位缸向右运动进行插销定位，保证初始工作位置准确。

插销定位进油路：泵 2→单向阀 6→减压阀 8→单向阀 9→电磁换向阀 25 右位→定位缸左腔。定位缸为单杆单作用液压缸，靠弹簧力回位。

（2）手臂前伸

插销定位后，定位支路系统油压升高，继电器 26 发出信号，使电磁铁 5YA 通电，电磁铁1YA断电，泵1和泵2同时供油，手臂伸缩缸向右运动实现手臂前伸。

进油路：泵1→单向阀5→电液换向阀14左位→手臂伸缩缸右腔；泵2→单向阀6→单向阀7→电液换向阀14左位→手臂伸缩缸右腔。

回油路：手臂伸缩缸左腔→单向调速阀15→电液换向阀14左位→油箱。

（3）手指张开

当手臂前伸至适当位置后，行程开关发出信号，使电磁铁1YA和9YA通电，泵1卸荷，泵2给系统供油，手指夹紧缸向右运动，实现手指张开。

进油路：泵2→单向阀6→电磁换向阀20左位→手指夹紧缸右腔。

回油路：手指夹紧缸左腔→液控单向阀21→电磁换向阀20左位→油箱。

（4）手指抓料

手指张开后，时间继电器延时到棒料由送料机构送到手指区域，继电器发出信号使电磁铁9YA断电，手指夹紧缸向左运动，实现手指夹紧棒料。

进油路：泵2→单向阀6→电磁换向阀20右位→液控单向阀21→手指夹紧缸左腔。

回油路：手指夹紧缸右腔→电磁换向阀20右位→油箱。

（5）手臂上升

当手指抓料后，使电磁铁3YA通电，1YA和2YA断电，泵1和泵2同时给系统供油，手臂升降缸上升，实现手臂上升。

进油路：泵1→单向阀5→电液换向阀10左位→单向调速阀11→单向顺序阀12→手臂升降缸下腔；泵2→单向阀6→单向阀7→电液换向阀10左位→单向调速阀11→单向顺序阀12→手臂升降缸下腔。

回油路：手臂升降缸上腔→单向调速阀13→电液换向阀10左位→油箱。

（6）手臂缩回

手臂上升至预定位置后，行程开关发出信号，使电磁铁3YA断电，电液换向阀10复位，电磁铁6YA通电，手臂伸缩缸向左运动，实现手臂缩回。

进油路：泵1→单向阀5→电液换向阀14右位→单向调速阀15→手臂伸缩缸左腔；泵2→单向阀6→单向阀7→电液换向阀14右位→单向调速阀15→手臂伸缩缸左腔。

回油路：手臂伸缩缸右腔→电液换向阀14右位→油箱。

（7）手腕回转

手臂缩回至预定位置后，行程开关发出信号，使电磁铁6YA断电，电液换向阀14复位，电磁铁1YA通电，泵1卸荷，仅泵2给系统供油，电磁铁10YA通电，使手腕回转缸回转运动，实现手腕回转180°。

进油路：泵2→单向阀6→电磁换向阀22左位→单向调速阀24→手腕回转缸。

回油路：手腕回转缸→单向调速阀23→电磁换向阀22左位→油箱。

（8）拔定位销

当手腕回转180°后，行程开关发出信号，使电磁铁10YA和12YA断电，电磁换向阀22和25复位，定位缸在回位弹簧作用下向左运动，实现拔定位销。

（9）手臂回转

当定位缸支路无油压时，压力继电器26发出信号，使电磁铁1YA和7YA通电，手臂回转缸进行回转运动，实现手臂回转95°。

进油路：泵2→单向阀6→电磁换向阀16左位→单向调速阀18→手臂回转缸。

回油路：手臂回转缸→单向调速阀17→电磁换向阀16左位→行程节流阀19→油箱。

（10）插销定位

手臂回转至预定位置后，行程开关发出信号，电磁铁7YA断电，电磁换向阀16复位，使电磁铁1YA通电，泵1卸荷，仅泵2供油，使电磁铁12YA通电，定位缸向右运动，实现插销定位，进油路同（1）。

（11）手臂前伸

动作顺序和各电磁铁通、断电情况同（2）。

（12）手臂中停

手臂前伸至预定位置后，行程开关发出信号，使电磁铁5YA断电，电液换向阀14复位，手臂伸缩缸停止动作，确保手臂将棒料放到准确位置处，然后等待主机夹头夹紧棒料。

（13）手指张开

主机夹头夹紧棒料后，时间继电器发出信号，电磁铁1YA和9YA通电，手指夹紧缸向右运动，张开手指，进、回油路及动作顺序同（3）。启动时间继电器延时，等待主机夹头移走棒料。

（14）手指闭合

主机夹头移走棒料后，时间继电器发出信号，电磁铁9YA断电，电磁换向阀20复位，手指夹紧缸向左运动，实现手指闭合，进、回油路及动作顺序同（4）。

（15）手臂缩回

当手指闭合后，电磁铁1YA断电，泵1和泵2同时供油，电磁铁6YA通电，手臂伸缩缸向左运动，实现手臂缩回，进、回油路及动作顺序同（6）。

（16）手臂下降

手臂缩回至预定位置后，行程开关发出信号，使电磁铁6YA断电，电液换向阀14复位，电磁铁4YA通电，手臂升降缸上腔进油，向下运动，实现手臂下降。

进油路：泵1→单向阀5→电液换向阀10右位→单向调速阀13→手臂升降缸上腔；泵2→单向阀6→单向阀7→电液换向阀10右位→单向调速阀13→手臂升降缸上腔。

回油路：手臂升降缸下腔→单向顺序阀12→单向调速阀11→电液换向阀10右位→油箱。

手臂下降至预定位置后，行程开关发出信号，使电磁铁 4YA 断电，电液换向阀 10 复位，电磁铁 1YA 通电，泵 1 卸荷，电磁铁 11YA 通电，手腕回转缸反向运动，实现手腕反转 180°。

> 进油路为：泵 2→单向阀 6→电磁换向阀 22 右位→单向调速阀 23→手腕回转缸。
>
> 回油路为：手腕回转缸→单向调速阀 24→电磁换向阀 22 右位→油箱。

(18) 拔定位销

手腕反转复位后，行程开关发出信号，使电磁铁 11YA 和 12YA 断电，电磁换向阀 22 和 25 复位，定位缸在回位弹簧作用下向左运动，实现拔定位销。

(19) 手臂复位

拔定位销后，压力继电器发出信号，使电磁铁 1YA 通电，泵 1 卸荷，电磁铁 8YA 通电，手臂回转缸反向运动，实现手臂反转 95°，机械手复位。

> 进油路：泵 2→单向阀 6→电磁换向阀 16 右位→单向调速阀 17→手臂回转缸。
>
> 回油路：手臂回转缸→单向调速阀 18→电磁换向阀 16 右位→行程节流阀 19→油箱。

(20) 待料卸荷

手臂反转复位后，行程开关发出信号，使电磁铁 8YA 断电，电磁换向阀 16 复位，电磁铁 2YA 通电，两泵 1 和泵 2 同时卸荷，机械手动作循环结束，等待下一个循环。

整个工作循环的电磁铁动作顺序表见表 4-1。

▫ 表 4-1 工业机械手液压系统电磁铁动作顺序表

动作顺序	1YA	2YA	3YA	4YA	5YA	6YA	7YA	8YA	9YA	10YA	11YA	12YA	K
插销定位	+										+	+	—+
手臂前伸					+						+	+	
手指张开	+								+		+	+	
手指抓料	+										+	+	
手臂上升			+								+	+	
手臂缩回						+					+	+	
手腕回转	+									+	+	+	
拔定位销	+												
手臂回转	+						+						
插销定位	+										+	+	—+
手臂前伸					+						+	+	
手臂中停											+	+	
手指张开	+								+		+	+	
手指闭合	+										+	+	
手臂缩回						+					+	+	

动作顺序	1YA	2YA	3YA	4YA	5YA	6YA	7YA	8YA	9YA	10YA	11YA	12YA	K
手臂下降				+								+	+
手腕复位	+										+	+	+
拔定位销	+												
手臂复位	+								+				
待料卸荷	+	+											

4.5 构成工业机械手液压系统的基本回路分析

4.5.1 回油节流调速回路

将调速阀串联在液压缸的回油路上，用它来控制流出液压缸的流量，达到调速目的，定量泵多余油液通过溢流阀回油箱，这种回路称为回油节流调速回路。机械手液压系统中，有四个子系统采用了回油节流调速回路，分别是手臂升降、手臂伸缩、手臂回转和手腕回转。

图 4-20 所示为控制手腕回转速度的典型的回油节流调速回路。换向阀左位接入，手腕回转缸的转速由单向调速阀 23 调定；换向阀右位接入，手腕回转缸的转速由单向调速阀 24 调定。

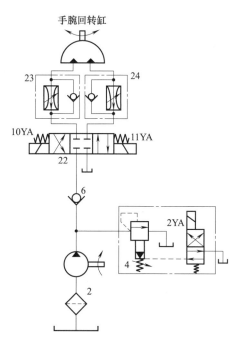

图 4-20 回油节流调速回路

（数字编号见图 4-1）

知识扩展：节流调速回路及其类型

节流调速回路是由定量泵、溢流阀和流量阀组成的调速回路，其基本原理是通过调节流量阀的通流截面积大小来改变进入或流出执行机构的流量，从而实现运动速度的调节。

节流调速回路有不同的类型。按流量阀在回路中位置的不同，有进油节流调速回路、回油节流调速回路、进回油节流调速回路和旁路节流调速回路。按流量阀的类型不同有普通节流阀式节流调速回路和调速阀式节流调速回路。按定量泵输出的压力是否随负载变化，又有定压式节流调速回路和变压式节流调速回路等。

4.5.2 平衡回路

机械手的手臂抬起后，要防止因自重而下落，本系统采用了单向顺序阀 12 的平衡回路，如图 4-21 所示。顺序阀的开启压力要大于手臂部件自重产生的压力。

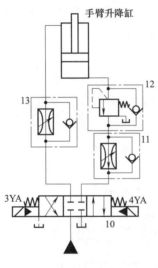

图 4-21 平衡回路

(数字编号见图 4-1)

 知识扩展：平衡回路的功用及常见平衡回路的分析比较

（1）平衡回路的功用

许多机床或机电设备的执行机构是沿垂直方向运动的，这些机床设备的液压系统无论在工作或停止时，始终都会受到执行机构较大重力负载的作用，如果没有相应的平衡措施将重力负载平衡掉，将会造成机床设备执行装置的自行下滑或操作时的动作失控，其后果将十分危险。平衡回路的功能在于使液压执行元件的回油路上始终保持一定的背压，以平衡掉执行机构重力负载对液压执行元件的作用力，使之不会因自重作用而自行下滑，实现液压系统对机械设备动作的平稳、可靠控制。

（2）常见的平衡回路分析比较

① 采用单向顺序阀的平衡回路 图 4-22（a）所示为采用单向顺序阀的平衡回路。调整顺序阀，使其开启压力与液压缸下腔作用面积的乘积稍大于垂直运动部件的重力。当活塞下行时，由于回油路上存在一定的背压来支承重力负载，只有在活塞的上部具有一定压力时活塞才会平稳下落；当换向阀处于中位时，活塞停止运动，不再继续下行。此处的顺序阀又被称作平衡阀。在这种平衡回路中，顺序阀压力调定后，若工作负载变小，则泵的压力需要增加，将使系统的功率损失增大。由于滑阀结构的顺序阀和换向阀存在内泄漏，使活塞很难长时间稳定停在任意位置，会造成重力负载装置下滑，故这种回路适用于工作负载固定且液压缸活塞锁定定位要求不高的场合。

② 采用液控单向阀的平衡回路 图 4-22（b）所示为采用液控单向阀的平衡回路。由于液控单向阀为锥面密封结构，其闭锁性能好，能够保证活塞较长时间在停止位置处不动。在回油路上串联单向节流阀，用于保证活塞下行运动的平稳性。假如回油路上没有串联单向节流阀，活塞下行时液控单向阀被进油路上的控制油打开，回油腔因没有背压，运动部件由于自重而加速下降，造成液压缸上腔供油不足而压力降低，使液控单向阀因控制油路降压而关闭，加速下降的活塞突然停止；液控单向阀关闭后控制油路又重新建立起压力，液控单向阀再次被打开，活塞再次加速下降，这样不断重复，由于液控单向阀时开时闭，使活塞一路抖动向下运动，并产生强烈的噪声、振动和冲击。

③ 采用远控平衡阀的平衡回路 在工程机械液压系统中，图 4-22（c）所示的采用远控平衡阀的平衡回路较常见。这种远控平衡阀是一种特殊阀口结构的外控顺序阀，它不但具有很好的密封性，能起到对活塞长时间的锁闭定位作用，而且阀口开口大小能自动适应不同载荷对背压的要求，保证了活塞下降速度的稳定性不受载荷变化影响。这种远控平衡阀又称限速锁。

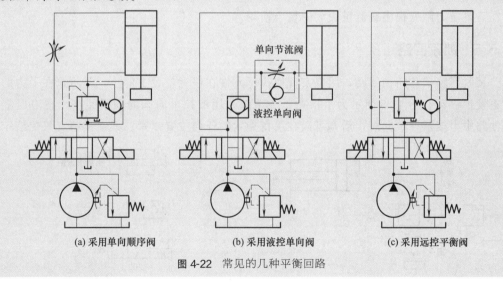

图 4-22　常见的几种平衡回路

4.5.3　卸荷回路

为了节能，本系统采用了电磁溢流阀的卸荷回路，如图 4-23 所示。1YA 通电，泵 1

卸荷；2YA 通电，泵 2 卸荷。

　　这种卸荷回路可以实现远程控制，同时卸荷时的压力冲击较小。

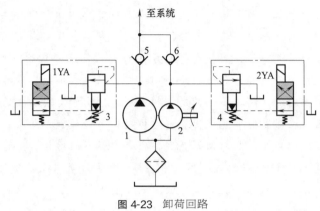

图 4-23　卸荷回路
（数字编号见图 4-1）

4.5.4　减压回路

　　减压回路的功能在于使系统某一支路上具有低于系统压力的稳定工作压力。在机床的工件夹紧、导轨润滑及液压系统的控制油路中常采用减压回路。机械手液压系统的定位子系统采用了减压回路，简化元件并重新编号如图 4-24 所示。

　　减压回路的基本构成是定量泵、溢流阀、减压阀和液压缸。回路中的单向阀 3 用于当主油路压力由于某种原因低于减压阀 2 的调定值时，使液压缸 4 的压力不受干扰，能短时保压。

　　要使减压阀稳定工作，其最低调定压力应高于 0.5MPa，最高调定压力应至少比系统压力低 0.5MPa。由于减压阀工作时存在阀口压力损失和泄漏口的容积损失，这种回路不宜在需要压力降低很多或流量较大的场合使用。

4.5.5　锁紧回路

　　锁紧回路又称闭锁回路，用以实现使执行元件在任意位置上停止，并防止在受力的情况下发生移动。图 4-25 所示为手指夹紧子系统采用液控单向阀的锁紧回路。在液压缸的进油路中串接液控单向阀，活塞可以在手指夹紧的任何位置锁紧。其锁紧精度只受液压缸

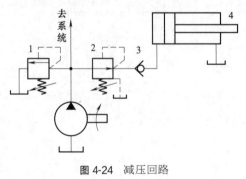

图 4-24　减压回路

1—溢流阀；2—减压阀；3—单向阀；4—液压缸

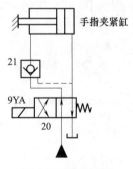

图 4-25　锁紧回路
（数字编号见图 4-1）

内少量的内泄漏影响，因此锁紧精度较高。采用液控单向阀的锁紧回路，应使液控单向阀的控制油液泄压，此时液控单向阀便立即关闭，活塞停止运动，否则会影响其锁紧精度。

4.5.6 换向回路

机械手液压系统的六个子系统都采用了换向回路。手臂升降、伸缩用电液换向阀 10 和 14 换向；手臂和手腕的回转用三位四通电磁换向阀 16 和 22 换向；手指夹紧与松夹靠二位四通电磁换向阀 20 换向。分别见子系统图。

定位缸是单作用缸，对于靠弹簧力回程的单作用液压缸，采用了二位三通电磁换向阀使其换向，子系统图简化后如图 4-26 所示。此方式结构简单，操纵方便。

4.5.7 调压回路

机械手液压系统采用了最基本的调压回路。如图 4-27 所示，定量泵供油，溢流阀定压。该回路具有以下三个特点。

① 溢流阀开启压力可通过调压弹簧调定，调整溢流阀调压弹簧的预压缩量，便可设定供油压力的最高值。

② 系统的实际工作压力由负载决定。当外负载压力小于溢流阀调定压力时，溢流阀处无溢流流量，此时溢流阀起安全阀作用。

③ 在系统一个工作循环中，溢流阀的压力不再调整。

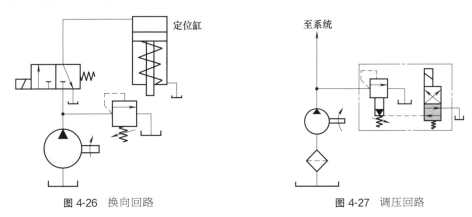

图 4-26　换向回路　　　　　　　　　　图 4-27　调压回路

4.6 典型元件分析

4.6.1 外啮合齿轮泵

机械手液压系统的动力元件为外啮合齿轮泵。如图 4-28 所示，外啮合齿轮泵由装在壳体内的一对模数相同、齿数相同并相互啮合的齿轮组成，齿轮两侧有端盖（图中未示出），壳体、端盖和齿轮的各个齿间槽组成了许多密封工作腔，当齿轮按图示方向旋转时，右侧吸油腔由于相互啮合的轮齿逐渐脱开，密封容积逐渐增大，形成部分真

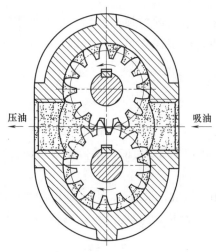

图 4-28 外啮合齿轮泵的工作原理

空，油箱中的油液在外界大气压力的作用下，经吸油管进入吸油腔，将齿间槽充满，并随着齿轮旋转，把油液带到左侧压油腔内，在压油区一侧，由于轮齿在这里逐渐进入啮合，密封容积不断减小，油液便被挤出去，从压油腔输送到压力管路中去。

在齿轮泵的工作过程中，只要两齿轮的旋转方向不变，其吸、压油腔的位置也就确定不变。齿轮啮合点处的齿面接触线一直分隔高、低压两腔，起着配油作用，因此在齿轮泵中不需要设置专门的配油机构，这是它与其他类型容积式液压泵的不同之处。

知识扩展：外啮合齿轮泵的典型结构、特点及应用

（1）外啮合齿轮泵的典型结构

如图 4-29 所示的外啮合齿轮泵，前泵盖 8、后泵盖 4 和泵体 7 由两个定位销 17 定位，用六只螺钉 9 固紧，也称三片式结构。泵体 7 内装有一对宽度与泵体相等、齿数相同的互相啮合的渐开线齿轮 6。长轴（主动轴）12 和短轴（从动轴）15 分别通过键与齿轮相连。两根轴通过滚针轴承支撑在前泵盖 8 和后泵盖 4 中。为了保证齿轮能灵活地转动，同时又保证泄漏最小，在齿轮端面和泵盖之间应有适当间隙（轴向间隙），小流量泵轴向间隙为 0.025～0.04mm，大流量泵为 0.04～0.06mm。齿顶和泵体内表面间的

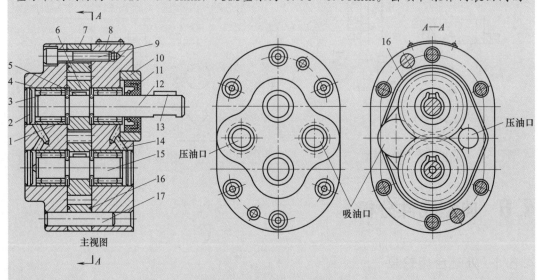

图 4-29 外啮合齿轮泵的结构

1—轴承外环；2—堵头；3—滚针轴承；4—后泵盖；5，13—键；

6—齿轮；7—泵体；8—前泵盖；9—螺钉；10—压环；11—密封环；

12—主动轴；14—泄油孔；15—从动轴；16—卸荷槽；17—定位销

间隙（径向间隙），由于密封带长，同时齿顶线速度形成的剪切流动又和油液泄漏方向相反，故对泄漏的影响较小，这里要考虑的问题是，当齿轮受到不平衡的径向力后，应避免齿顶和泵体内壁相碰，因此径向间隙可稍大，一般取 0.13～0.16mm。

为了防止压力油从泵体和泵盖间泄漏到泵外，并减小压紧螺钉的拉力，在泵体两侧的端面上开有油封卸荷槽 16，既增大液阻，又可将渗入泵体和泵盖间的压力油引入吸油腔。泵盖和从动轴上小孔的作用是将泄漏到轴承端部的压力油也引到泵的吸油腔去，防止油液外溢，同时也润滑了滚针轴承。

（2）外啮合齿轮泵的特点及应用场合

外啮合齿轮泵的优点是结构简单，制造方便，价格低廉，体积小，重量轻，工作可靠，维护方便，自吸能力强，对油液污染不敏感。它的缺点是容积效率低，轴承及齿轮轴上承受的径向载荷大，因而使工作压力的提高受到一定限制。此外，还存在着流量脉动大、噪声较大等不足之处。

外啮合齿轮泵常用于负载小、功率小的机床设备及机床辅助装置（如送料、夹紧等场合），在工作环境较差的工程机械上也广泛应用。

4.6.2 电磁换向阀

在工业机械手液压系统中（图 4-1），三位四通电磁换向阀 16 和 22 分别控制手臂和手腕的回转；二位四通电磁换向阀 20 控制手指夹紧缸的换向；二位三通电磁换向阀 25 控制定位缸的换向，实现插、拔销动作。此外，作为复合阀的电液动换向阀 10、14 和电磁溢流阀 3、4 中都有电磁换向阀。

电磁换向阀利用电磁铁的作用力推动阀芯移动实现换向。电磁铁按使用电源的不同，可分为交流和直流两种，按衔铁工作腔是否有油液又可分为干式和湿式两种。

图 4-30（a）所示为二位三通交流电磁换向阀结构原理，在图示位置，油口 P 和 A 相通，与 B 断开；当电磁铁通电吸合时，推杆 1 将阀芯 2 推向右端，这时油口 P 和 A 断开，而与 B 相通。当电磁铁断电释放时，弹簧 3 推动阀芯复位。图 4-30（b）所示为其图形符号。

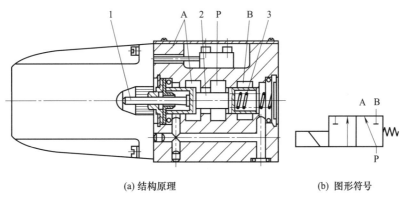

(a) 结构原理　　　　　　　　　(b) 图形符号

图 4-30　二位三通电磁换向阀的结构原理和图形符号

1—推杆；2—阀芯；3—弹簧

电磁换向阀就其工作位置来说，有二位和三位等。二位电磁阀有一个电磁铁，靠弹簧复位；三位电磁阀有两个电磁铁。图 4-31 所示为一种三位五通电磁换向阀的结构原理和图形符号。

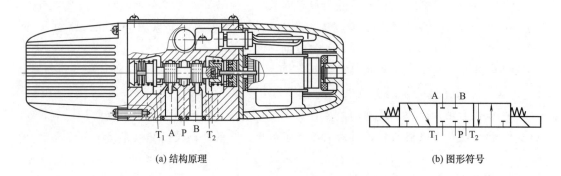

(a) 结构原理   (b) 图形符号

图 4-31　三位五通电磁换向阀的结构原理和图形符号

电磁换向阀的电磁铁可用按钮开关、行程开关、限位开关、压力继电器等发出的电信号控制换向，操纵方便，自动化程度高，因而应用最广。但由于受到电磁铁吸力较小的限制，只宜用在小流量的液压系统中。

4.6.3　单向阀

单向阀的功用是只允许油液沿一个方向流动，即正向流通，反向截止。

图 4-32 所示为单向阀的工作原理。当液流由 A 腔流入时，克服弹簧力将阀芯顶开，于是液流由 A 流向 B；当液流反向流入时，阀芯在液压力和弹簧力的作用下关闭阀口，使液流截止，液流无法流向 A 腔。单向阀实质上是利用流向所形成的压力差使阀芯开启或关闭。

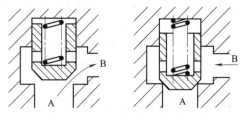

图 4-32　单向阀的工作原理

 知识扩展：普通单向阀的应用

① 作单向阀用，控制油路单向接通。
② 作背压阀用。
③ 接在泵的出口，避免系统油液向泵倒流。
④ 与其他控制元件组成具有单向功能的复合元件，如单向减压阀、单向顺序阀、单向节流阀及单向调速阀等，如图 4-33 所示。

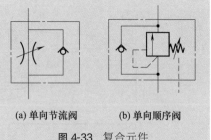

(a) 单向节流阀   (b) 单向顺序阀

图 4-33　复合元件

4.6.4　摆动液压缸

工业机械手的手臂和手腕回转采用了摆动液压缸。摆动液压缸是输出转矩并实现往复摆动的一种执行元件,也称摆动液压马达,在结构上有单叶片和双叶片两种形式。图 4-34 所示为单叶片式摆动液压缸的结构原理。定子块固定在缸体上,而叶片和摆动轴连接在一起,当两油口相继通以压力油时,叶片即带动摆动轴往复摆动。

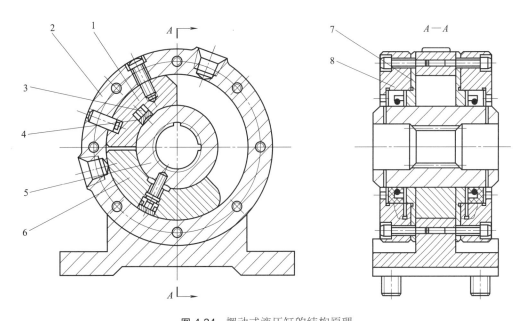

图 4-34 摆动式液压缸的结构原理

1—定子块;2—缸体;3—弹簧;4—密封镶条;5—转子;6—叶片;7—支撑盘;8—盖板

摆动式液压缸常用于机床的送料装置、间歇进给机构、回转夹具、工业机器人手臂和手腕的回转机构等液压系统。双叶片式摆动缸适合摆角要求小而转矩要求大并且结构尺寸受限的场合。

4.7 液压系统特点

① 系统采用了双联泵供油,额定压力为 6.3MPa,手臂升降与伸缩时由双泵同时供油,手臂及手腕回转、手指松紧及定位缸工作时,只由小流量泵 2 供油,大流量泵 1 自动卸荷。由于定位缸和控制油路所需压力较低,在定位缸支路上串联有减压阀 8,使之获得稳定的 1.5~1.8MPa 压力。

② 手臂的伸缩和升降采用单杆双作用液压缸驱动,手臂的伸出和升降速度分别由单向调速阀 15、13 和 11 进行回油节流调速;手臂及手腕的回转由摆动液压缸驱动,其正反向运动速度也采用单向节流阀 17、18 及 23、24 进行回油节流调速。

③ 执行机构的定位和缓冲是机械手工作平稳可靠的关键。从提高生产率来说,希望机械手正常工作速度越快越好,但工作速度越高,启动和停止时的惯性力就越大,振动和冲击就越大,不仅会影响到机械手的定位精度,严重时还会损伤机件。因此为达到机械手的定位精度和运动平稳性的要求,一般在定位前要求采取缓冲措施:机械手手臂伸出、手腕回转由死挡铁保证定位精度,端点到达前发信号切断油路,滑行缓冲;手臂缩回和手臂

上升由行程开关适时发信号，提前切断油路滑行缓冲并定位；手臂伸缩缸和升降缸采用电液换向阀换向，调节换向时间，可增加缓冲效果；手臂回转部分质量较大，转速较高，惯性矩较大，手臂回转缸除采用单向调速阀回油节流调速外，还在回油路上安装有行程节流阀进行减速缓冲，最后由定位缸插销定位，满足定位精度要求。

④ 为了保证手指夹住工件后不受系统压力波动的影响，能牢固地夹紧工件，在系统中采用了液控单向阀的锁紧回路。

⑤ 手臂升降为立式液压缸，为支承平衡手臂运动部件的自重，采用了单向顺序阀的平衡回路。

第5章

液压挖掘机液压系统分析

5.1 液压挖掘机简介

挖掘机是一种自走式土方工程机械。挖掘机按作业循环不同，可分单斗和多斗两种；按行走机构不同，可分履带式、轮胎式、汽车式等多种；按传动形式不同，又可分机械式和液压式两种。液压挖掘机是工程机械中主要的机械，它广泛应用于工程建筑、施工筑路、水利工程、国防工事等土石方施工以及矿山采掘作业。

液压挖掘机由工作装置、回转机构及行走机构三部分组成，各机构的动作均由液压驱动。

图 5-1 所示为履带式单斗液压挖掘机，其每一个工作循环主要包括以下过程。

（1）挖掘

在坚硬土壤中挖掘时，一般以斗杆缸 2 动作为主，用铲斗缸 3 调整角度，配合挖掘。在松散土壤中挖掘时，则以铲斗缸 3 动作为主，必要时（如铲平基坑底面或修整斜坡等有特殊要求的挖掘动作）铲斗、斗杆、动臂三个液压缸需根据作业要求复合动作，以保证铲斗按特定轨迹运动。

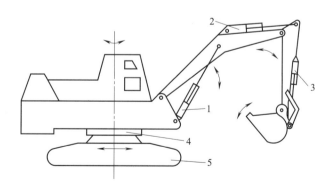

图 5-1　履带式单斗液压挖掘机简图

1—动臂缸；2—斗杆缸；3—铲斗缸；4—回转平台；5—行走履带

（2）满斗提升及回转

挖掘结束时，铲斗缸推出，动臂缸顶起，满斗提升。同时，回转液压马达转动，驱动回转平台4向卸载方向旋转。

（3）卸载

当回转平台回转到卸载处时，回转停止。通过动臂缸和铲斗缸配合动作，使铲斗对准卸载位置。然后，铲斗缸内缩，铲斗向上翻转卸载。

（4）返回

卸载结束后，回转平台反转，配以动臂缸、斗杆缸及铲斗缸的复合动作，将空斗返回到新的挖掘位置，开始第二个工作循环。为了调整挖掘点，还要借助行走机构驱动整机行走。

5.2 液压挖掘机液压系统的组成

5.2.1 了解系统

履带式单斗液压挖掘机液压系统图如图5-2所示。该系统为高压定量双泵、双回路开式系统，串联油路，手控合流。液压泵1、2输出的压力油分别进入两组由三个手动换向阀组成的多路换向阀Ⅰ、Ⅱ。进入多路换向阀Ⅰ的压力油，驱动回转马达14、铲斗缸3和左行走马达16；进入多路换向阀Ⅱ的压力油，驱动动臂缸5、斗杆缸4和右行走马达17。各执行机构的回油路都要经过限速阀10，进入总回油管，再经背压阀8、冷却器21、过滤器22流回油箱。

通过合流阀13可以实现某一执行机构的快速动作，一般用于动臂缸和斗杆缸的合流。各执行机构进、出油口均配有过载阀23，其中与回转马达14相配的过载阀调定压力为25MPa，低于系统安全阀调定压力，其余的均调为30～32MPa。当各种换向阀均处于中间位置时，液压泵卸荷。

5.2.2 组成元件及功能

浏览图5-2所示的液压系统，按照动力元件、执行元件、控制元件和辅助元件的顺序确定系统的组成元件，并初步确定各元件的功能。

（1）动力元件

液压泵1、2构成双联泵，为系统提供油源。

（2）执行元件

执行元件包括液压缸和液压马达，驱动各运动部件完成规定的动作。

3个单杆活塞缸。铲斗缸3、斗杆缸4和动臂缸5，分别驱动铲斗、斗杆和动臂完成规定的动作。

5个液压马达。1个回转马达驱动回转平台转动；4个行走液压马达驱动左、右履带运动。

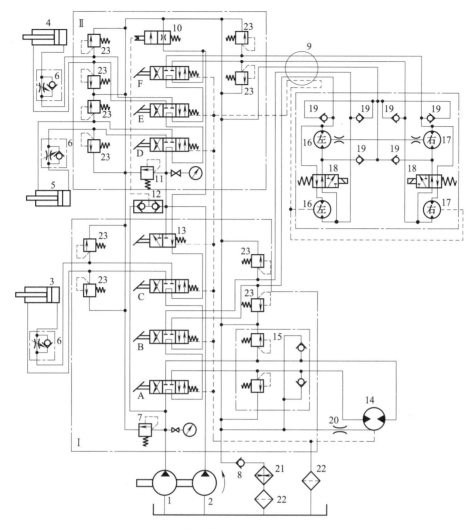

图 5-2 履带式单斗液压挖掘机液压系统图

1，2—液压泵；3—铲斗缸；4—斗杆缸；5—动臂缸；6—单向节流阀；7，11—溢流阀；
8—背压阀；9—中心回转接头；10—限速阀；12—梭阀；13—手动合流阀；14—回转马达；
15—限压补油阀组；16，17—行走马达；18—行走马达双速阀；19—补油单向阀；20—阻尼孔；
21—冷却器；22—过滤器；23—过载阀；A，B，C，D，E，F—手动换向阀

（3）控制元件

3 个单向节流阀。分别控制铲斗缸、斗杆缸和动臂缸的运动速度。

2 个溢流阀。溢流阀 7 和 11 在系统中起安全阀的作用。

10 个过载阀。分别限定铲斗缸、斗杆缸、动臂缸和左、右行走马达的最大工作压力。

6 个三位四通手动换向阀。换向阀 A 控制回转马达换向；换向阀 B 控制左行走马达换向；换向阀 C 控制铲斗缸换向；换向阀 D 控制动臂缸换向；换向阀 E 控制斗杆缸换向；换向阀 F 控制右行走马达换向。

1 个二位二通液动换向阀 10。该阀也称限速阀，主要用于下坡等负负载工况时，限制执行元件的运动速度。

1 个梭阀 12。完成限速阀控制油压的切换。

1 个二位三通手动换向阀 13。该阀也称合流阀，用于双联泵输出压力油液的合流，以提高执行元件的运动速度。

1 个限压补油阀组 15。限压补油阀组是由两个溢流阀和两个单向阀组成的复合阀，用于限制回转马达回路的压力及通过单向阀给回油路补油。

2 个二位四通电磁换向阀。分别控制左右两对行走马达的并联和串联，以改变行走马达的转速和转矩，故称行走马达双速阀。

6 个补油单向阀。用于行走马达回路中回油路的补油。

1 个阻尼孔。阻尼孔 20 对加热回路起节流减压的作用。

（4）辅助元件

1 个冷却器。冷却器 21 装在总回油管处，给热油降温。

2 个过滤器。过滤器装在回油路上，能够过滤油液，去除污染物。

1 个油箱。储存油液，同时还有排污和散热的功能。

2 个压力表和压力表开关。分别检测液压泵 1、2 出口处的压力。

5.3 划分并分析子系统

按照执行元件的个数将系统分解成子系统，则液压系统图的分析更加容易。为更好地理解和分析液压系统图，分解以后绘制的子系统图保留了原系统图的编号。

按照各传动机构可将图 5-2 所示的液压挖掘机液压系统分为六个子系统，分别实现铲斗缸、斗杆缸、动臂缸活塞杆的伸缩以及工作装置回转和车身行走等功能。

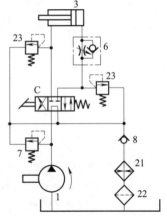

图 5-3　铲斗缸子系统

（数字编号见图 5-2）

5.3.1 铲斗缸子系统

铲斗缸子系统能够驱动铲斗缸 3 完成挖掘和翻转动作。如图 5-3 所示，铲斗缸子系统由液压泵 1、溢流阀（安全阀）7、三位四通手动换向阀 C、过载阀 23、单向节流阀 6、背压阀 8、冷却器 21、过滤器 22 和铲斗缸 3 等元件组成。

（1）铲斗挖掘

如图 5-4 所示，操纵手动换向阀 C 左位接入，压力油进入铲斗缸 3 无杆腔，活塞杆伸出实现挖掘动作。

> 进油路：液压泵 1→换向阀 C 左位→单向节流阀 6 中的单向阀→铲斗缸 3 无杆腔。
>
> 回油路：铲斗缸 3 有杆腔→换向阀 C 左位→背压阀 8→冷却器 21→过滤器 22→油箱。

（2）铲斗翻转

如图 5-5 所示，操纵手动换向阀 C 右位接入，压力油进入铲斗缸 3 有杆腔，活塞杆缩回实现翻转动作。

进油路：液压泵 1→换向阀 C 右位→铲斗缸 3 有杆腔。

回油路：铲斗缸 3 无杆腔→单向节流阀 6 中的节流阀→换向阀 C 右位→背压阀 8→冷却器 21→过滤器 22→油箱。

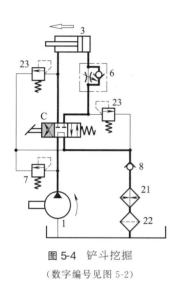

图 5-4 铲斗挖掘

（数字编号见图 5-2）

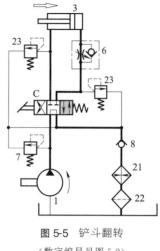

图 5-5 铲斗翻转

（数字编号见图 5-2）

5.3.2 斗杆缸子系统

斗杆缸子系统能够驱动斗杆缸 4 完成斗杆伸缩动作。如图 5-6 所示，斗杆缸子系统由液压泵 2、溢流阀（安全阀）11、三位四通手动换向阀 E、过载阀 23、单向节流阀 6、背压阀 8、冷却器 21、过滤器 22 和斗杆缸 4 等元件组成。

（1）斗杆伸出

如图 5-7 所示，操纵手动换向阀 E 左位接入，压力油进入斗杆缸 4 无杆腔，活塞杆伸出。

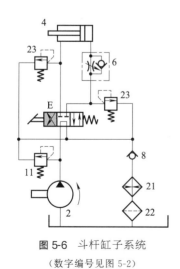

图 5-6 斗杆缸子系统

（数字编号见图 5-2）

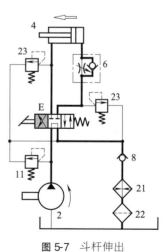

图 5-7 斗杆伸出

（数字编号见图 5-2）

> 进油路：液压泵 2→换向阀 E 左位→单向节流阀 6 中的单向阀→斗杆缸 4 无杆腔。
>
> 回油路：斗杆缸 4 有杆腔→换向阀 E 左位→背压阀 8→冷却器 21→过滤器 22→油箱。

（2）斗杆缩回

如图 5-8 所示，操纵手动换向阀 E 右位接入，压力油进入斗杆缸 4 有杆腔，活塞杆缩回。

> 进油路：液压泵 2→换向阀 E 右位→斗杆缸 4 有杆腔。
>
> 回油路：斗杆缸 4 无杆腔→单向节流阀 6 中的节流阀→换向阀 E 右位→背压阀 8→冷却器 21→过滤器 22→油箱。

5.3.3 动臂缸子系统

动臂缸子系统能够驱动动臂缸 5 完成动臂伸缩动作。如图 5-9 所示，动臂缸子系统由液压泵 2、溢流阀（安全阀）11、三位四通手动换向阀 D、过载阀 23、单向节流阀 6、背压阀 8、冷却器 21、过滤器 22 和动臂缸 5 等元件组成。

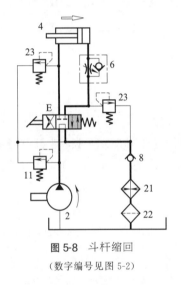

图 5-8 斗杆缩回
（数字编号见图 5-2）

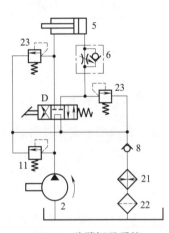

图 5-9 动臂缸子系统
（数字编号见图 5-2）

（1）动臂伸出

如图 5-10 所示，操纵手动换向阀 D 左位接入，压力油进入动臂缸 5 无杆腔，活塞杆伸出。

> 进油路：液压泵 2→换向阀 D 左位→单向节流阀 6 中的单向阀→动臂缸 5 无杆腔。
>
> 回油路：动臂缸 5 有杆腔→换向阀 D 左位→背压阀 8→冷却器 21→过滤器 22→油箱。

（2）动臂缩回

如图 5-11 所示，操纵手动换向阀 D 右位接入，压力油进入动臂缸 5 有杆腔，活塞杆缩回。

> 进油路：液压泵 2→换向阀 D 右位→动臂缸 5 有杆腔。
>
> 回油路：动臂缸 5 无杆腔→单向节流阀 6 中的节流阀→换向阀 D 右位→背压阀 8→冷却器 21→过滤器 22→油箱。

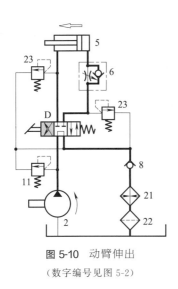

图 5-10　动臂伸出

（数字编号见图 5-2）

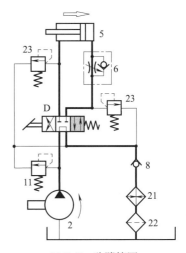

图 5-11　动臂缩回

（数字编号见图 5-2）

5.3.4　回转机构子系统

回转机构子系统能够驱动回转马达 14 转动，实现整个工作装置的回转动作。如图 5-12 所示，回转机构子系统由液压泵 1、溢流阀（安全阀）7、三位四通手动换向阀 A、限压补油阀组 15、背压阀 8、冷却器 21、过滤器 22 和回转马达 14 等元件组成。阀组 15 在系统中起限压及补油的作用。

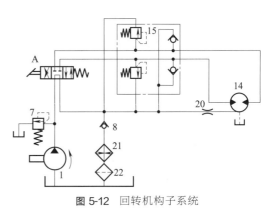

图 5-12　回转机构子系统

（数字编号见图 5-2）

（1）正转

如图 5-13 所示，操纵手动换向阀 A 右位接入，压力油进入回转马达 14，驱动马达转动。

进油路：液压泵 1→换向阀 A 右位→回转马达 14。

回油路：回转马达 14→换向阀 A 右位→背压阀 8→冷却器 21→过滤器 22→油箱。

（2）反转

如图 5-14 所示，操纵手动换向阀 A 左位接入，马达反转。

进油路：液压泵 1→换向阀 A 左位→回转马达 14。

回油路：回转马达 14→换向阀 A 左位→背压阀 8→冷却器 21→过滤器 22→油箱。

5.3.5　右行走马达子系统

右行走马达子系统如图 5-15 所示，由液压泵 2、溢流阀（安全阀）11、三位四通手动换向阀 F、过载阀 23、补油单向阀 19、双速阀 18、背压阀 8、冷却器 21、过滤器 22 和行走马达 17 等元件组成。

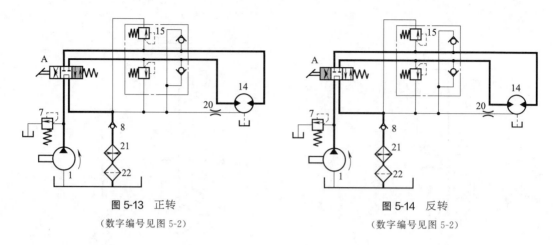

图 5-13 正转
（数字编号见图 5-2）

图 5-14 反转
（数字编号见图 5-2）

（1）前进

① 马达并联 如图 5-16 所示，操纵手动换向阀 F 右位接入，双速阀 18 电磁铁断电，右位接入系统，两个行走马达并联，实现低速大转矩的动力输出。

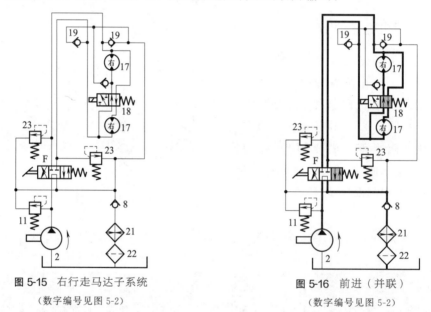

图 5-15 右行走马达子系统
（数字编号见图 5-2）

图 5-16 前进（并联）
（数字编号见图 5-2）

> 进油路：液压泵 2→换向阀 F 右位→行走马达 17。
>
> 回油路：行走马达 17→换向阀 F 右位→背压阀 8→冷却器 21→过滤器 22→油箱。

② 马达串联 如图 5-17 所示，双速阀 18 电磁铁通电，左位接入系统，两个行走马达串联，实现高速小转矩的动力输出。

（2）后退

① 马达并联 如图 5-18 所示，操纵手动换向阀 F 左位、双速阀 18 右位接入系统，两个行走马达并联，实现低速大转矩的动力输出。

> 进油路：液压泵 2→换向阀 F 左位→行走马达 17。
>
> 回油路：行走马达 17→换向阀 F 左位→背压阀 8→冷却器 21→过滤器 22→油箱。

② 马达串联　如图 5-19 所示，手动换向阀 F 左位、双速阀 18 左位接入系统，两个行走马达串联，实现高速小转矩的动力输出。

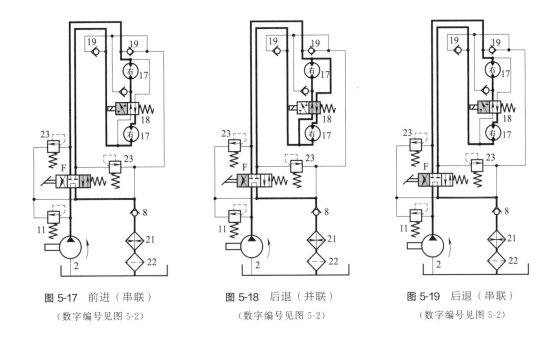

图 5-17　前进（串联）　　　　　图 5-18　后退（并联）　　　　　图 5-19　后退（串联）

（数字编号见图 5-2）　　　　　　（数字编号见图 5-2）　　　　　　（数字编号见图 5-2）

5.3.6　左行走马达子系统

左行走马达子系统的油路结构及前进、后退的油流路线如图 5-20 所示，详细分析从略。

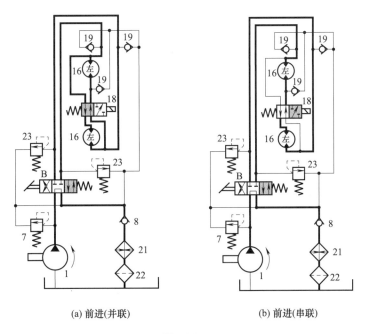

(a) 前进(并联)　　　　　　　　　(b) 前进(串联)

图 5-20

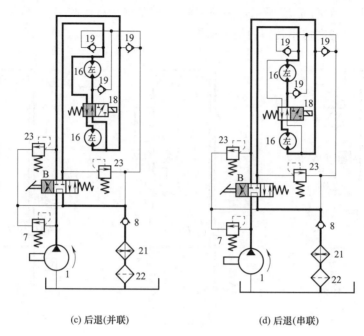

(c) 后退(并联)　　　　　　　(d) 后退(串联)

图 5-20　左行走马达子系统

(数字编号见图 5-2)

5.4　液压挖掘机液压系统完整动作循环分析

5.4.1　单一动作

单一动作供油时，操作某一换向阀，即可控制相应执行机构工作。

（1）动臂升降

① 动臂上升　如图 5-21 所示。

> 进油路：液压泵 2→换向阀 D 右位→单向节流阀 6 中的单向阀→动臂缸 5 无杆腔。
>
> 回油路：动臂缸 5 有杆腔→换向阀 D 右位→换向阀 E 中位→换向阀 F 中位→限速阀 10 左位→背压阀 8→冷却器 21→过滤器 22→油箱。

系统中的单向节流阀 6 和限速阀 10 可起限速作用，限速阀 10 的控制油压通过梭阀 12 引入。溢流阀 23 的作用是限定液压缸的最大工作压力。

② 动臂下降　如图 5-22 所示。

> 进油路：液压泵 2→换向阀 D 左位→动臂缸 5 有杆腔。
>
> 回油路：动臂缸 5 无杆腔→单向节流阀 6 中的节流阀→换向阀 D 左位→换向阀 E 中位→换向阀 F 中位→限速阀 10 左位→背压阀 8→冷却器 21→过滤器 22→油箱。

（2）斗杆升降

① 斗杆上升　如图 5-23 所示。

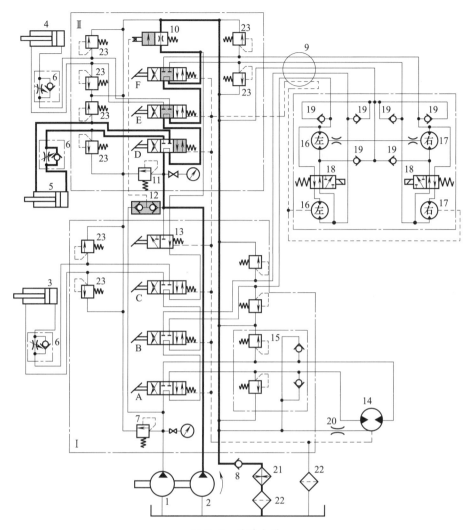

图 5-21 动臂上升

1，2—液压泵；3—铲斗缸；4—斗杆缸；5—动臂缸；6—单向节流阀；7，11—溢流阀；

8—背压阀；9—中心回转接头；10—限速阀；12—梭阀；13—手动合流阀；14—回转马达；

15—限压补油阀组；16，17—行走马达；18—行走马达双速阀；19—补油单向阀；20—阻尼孔；

21—冷却器；22—过滤器；23—过载阀；A，B，C，D，E，F—手动换向阀

进油路：液压泵 2→换向阀 D 中位→换向阀 E 右位→斗杆缸 4 有杆腔。

回油路：斗杆缸 4 无杆腔→单向节流阀 6 中的节流阀→换向阀 E 右位→换向阀 F 中位→限速阀 10 左位→背压阀 8→冷却器 21→过滤器 22→油箱。

② 斗杆下降 如图 5-24 所示。

进油路：液压泵 2→换向阀 D 中位→换向阀 E 左位→单向节流阀 6 中的单向阀→斗杆缸 4 无杆腔。

回油路：斗杆缸 4 有杆腔→换向阀 E 左位→换向阀 F 中位→限速阀 10 左位→背压阀 8→冷却器 21→过滤器 22→油箱。

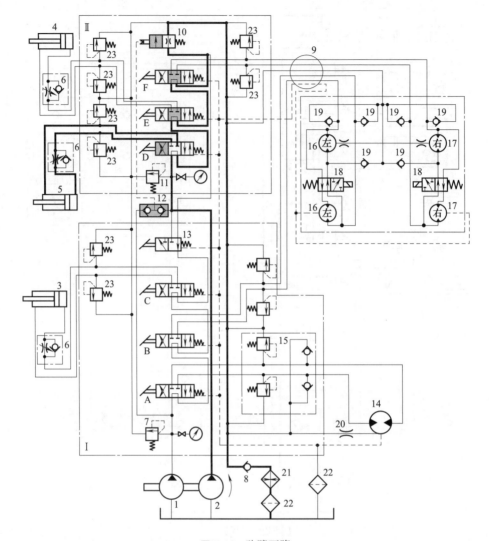

图 5-22 动臂下降

1，2—液压泵；3—铲斗缸；4—斗杆缸；5—动臂缸；6—单向节流阀；7，11—溢流阀；

8—背压阀；9—中心回转接头；10—限速阀；12—梭阀；13—手动合流阀；14—回转马达；

15—限压补油阀组；16，17—行走马达；18—行走马达双速阀；19—补油单向阀；20—阻尼孔；

21—冷却器；22—过滤器；23—过载阀；A，B，C，D，E，F—手动换向阀

（3）铲斗动作

① 铲斗挖掘 如图 5-25 所示。

进油路：液压泵 1→换向阀 A 中位→换向阀 B 中位→换向阀 C 左位→单向节流阀 6
中的单向阀→铲斗缸 3 无杆腔。

回油路：铲斗缸 3 有杆腔→换向阀 C 左位→合流阀 13 右位→限速阀 10 左位→背压
阀 8→冷却器 21→过滤器 22→油箱。

② 铲斗翻转 如图 5-26 所示。

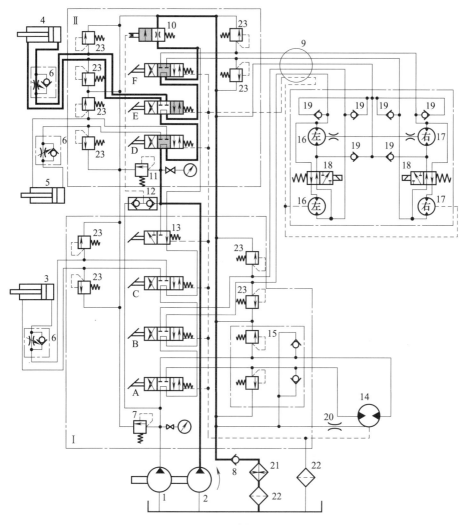

图 5-23　斗杆上升

1，2—液压泵；3—铲斗缸；4—斗杆缸；5—动臂缸；6—单向节流阀；7，11—溢流阀；

8—背压阀；9—中心回转接头；10—限速阀；12—梭阀；13—手动合流阀；14—回转马达；

15—限压补油阀组；16，17—行走马达；18—行走马达双速阀；19—补油单向阀；20—阻尼孔；

21—冷却器；22—过滤器；23—过载阀；A，B，C，D，E，F—手动换向阀

进油路：液压泵 1→换向阀 A 中位→换向阀 B 中位→换向阀 C 右位→铲斗缸 3 有杆腔。

回油路：铲斗缸 3 无杆腔→单向节流阀 6 中的节流阀→换向阀 C 右位→合流阀 13
右位→限速阀 10 左位→背压阀 8→冷却器 21→过滤器 22→油箱。

（4）回转机构转动

① 正转　如图 5-27 所示。

进油路：液压泵 1→换向阀 A 右位→回转马达 14。

回油路：回转马达 14→换向阀 A 右位→换向阀 B 中位→换向阀 C 中位→合流阀 13
右位→限速阀 10 左位→背压阀 8→冷却器 21→过滤器 22→油箱。

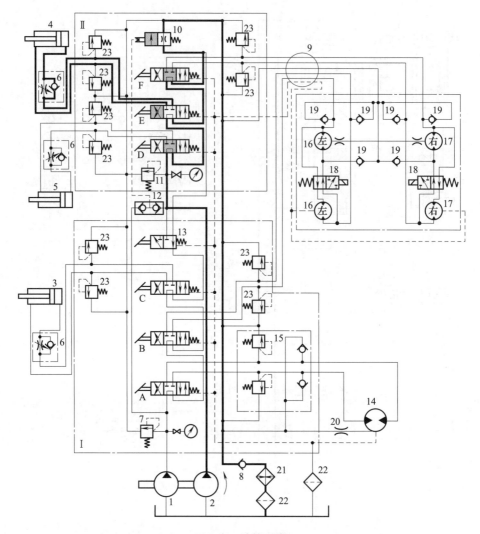

图 5-24　斗杆下降

1，2—液压泵；3—铲斗缸；4—斗杆缸；5—动臂缸；6—单向节流阀；7，11—溢流阀；
8—背压阀；9—中心回转接头；10—限速阀；12—梭阀；13—手动合流阀；14—回转马达；
15—限压补油阀组；16，17—行走马达；18—行走马达双速阀；19—补油单向阀；20—阻尼孔；
21—冷却器；22—过滤器；23—过载阀；A，B，C，D，E，F—手动换向阀

② 反转　如图 5-28 所示。

进油路：液压泵 1→换向阀 A 左位→回转马达 14。　　·

回油路：回转马达 14→换向阀 A 左位→换向阀 B 中位→换向阀 C 中位→合流阀 13
右位→限速阀 10 左位→背压阀 8→冷却器 21→过滤器 22→油箱。

（5）行走机构前进与后退

一般情况下，行走马达并联供油，为低速挡。如操纵双速阀 18，则串联供油，为高
速挡。

① 前进　如图 5-29 所示，本系统采用的是双泵、双回路驱动，液压泵 1 驱动左行走

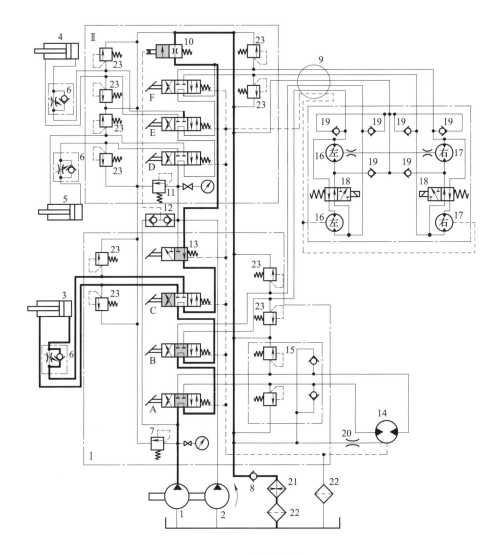

图 5-25　铲斗挖掘

1，2—液压泵；3—铲斗缸；4—斗杆缸；5—动臂缸；6—单向节流阀；7，11—溢流阀；
8—背压阀；9—中心回转接头；10—限速阀；12—梭阀；13—手动合流阀；14—回转马达；
15—限压补油阀组；16，17—行走马达；18—行走马达双速阀；19—补油单向阀；20—阻尼孔；
21—冷却器；22—过滤器；23—过载阀；A，B，C，D，E，F—手动换向阀

马达 16，液压泵 2 驱动右行走马达 17，图示状态为液压马达并联，适用于低速大转矩工况。

a. 左行走马达前进

进油路：液压泵 1→换向阀 A 中位→换向阀 B 右位→左行走马达 16。

回油路：左行走马达 16→换向阀 B 右位→换向阀 C 中位→合流阀 13 右位→限速阀 10 左位→背压阀 8→冷却器 21→过滤器 22→油箱。

b. 右行走马达前进

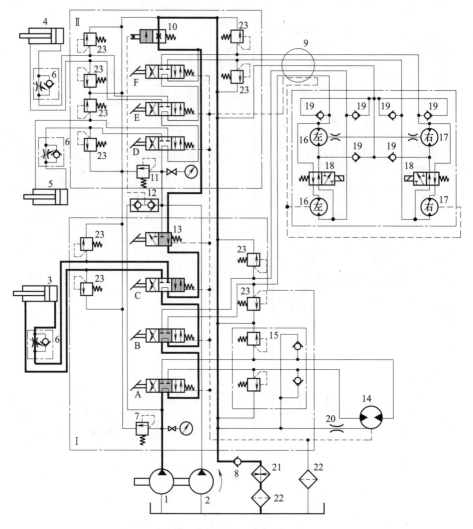

图 5-26 铲斗翻转

1，2—液压泵；3—铲斗缸；4—斗杆缸；5—动臂缸；6—单向节流阀；7，11—溢流阀；
8—背压阀；9—中心回转接头；10—限速阀；12—梭阀；13—手动合流阀；14—回转马达；
15—限压补油阀组；16，17—行走马达；18—行走马达双速阀；19—补油单向阀；20—阻尼孔；
21—冷却器；22—过滤器；23—过载阀；A，B，C，D，E，F—手动换向阀

> 进油路：液压泵 2→换向阀 D 中位→换向阀 E 中位→换向阀 F 左位→右行走马
> 达 17。
>
> 回油路：右行走马达 17→换向阀 F 左位→限速阀 10 左位→背压阀 8→冷却器 21→
> 过滤器 22→油箱。

c. 行走机构快速前进 在行走机构前进工况，使双速阀 18 的电磁铁通电，则行走马
达串联，可驱动挖掘机快速前进。油路结构及油流情况如图 5-30 所示（详细分析从略）。

② 后退 如图 5-31 所示，液压泵 1 驱动左行走马达 16，液压泵 2 驱动右行走马达
17，图示状态为液压马达并联，适用于低速大转矩工况。

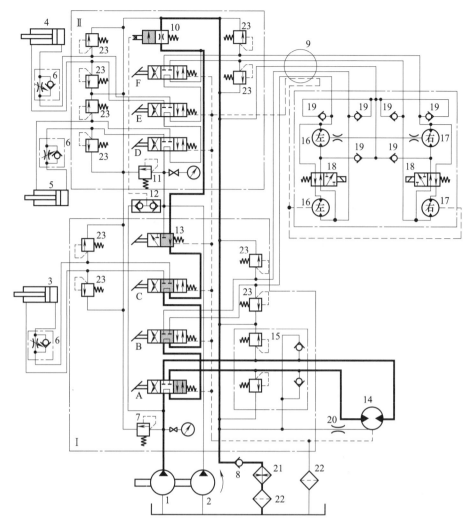

图 5-27　正转

1，2—液压泵；3—铲斗缸；4—斗杆缸；5—动臂缸；6—单向节流阀；7，11—溢流阀；

8—背压阀；9—中心回转接头；10—限速阀；12—梭阀；13—手动合流阀；14—回转马达；

15—限压补油阀组；16，17—行走马达；18—行走马达双速阀；19—补油单向阀；20—阻尼孔；

21—冷却器；22—过滤器；23—过载阀；A，B，C，D，E，F—手动换向阀

a. 左行走马达后退

进油路：液压泵 1→换向阀 A 中位→换向阀 B 左位→左行走马达 16。

回油路：左行走马达 16→换向阀 B 左位→换向阀 C 中位→合流阀 13 右位→限速阀 10 左位→背压阀 8→冷却器 21→过滤器 22→油箱。

b. 右行走马达后退

进油路：液压泵 2→换向阀 D 中位→换向阀 E 中位→换向阀 F 右位→右行走马达 17。

回油路：右行走马达 17→换向阀 F 右位→限速阀 10 左位→背压阀 8→冷却器 21→过滤器 22→油箱。

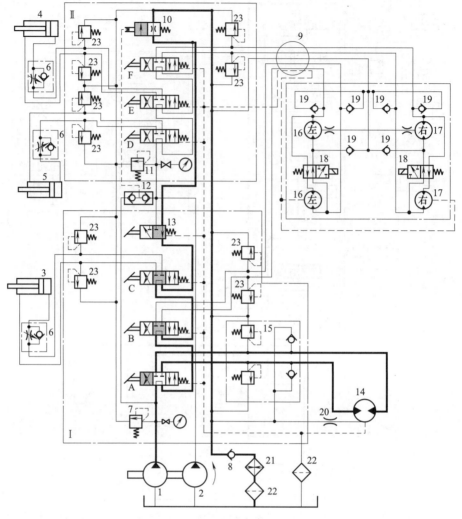

图 5-28 反转

1，2—液压泵；3—铲斗缸；4—斗杆缸；5—动臂缸；6—单向节流阀；7，11—溢流阀；
8—背压阀；9—中心回转接头；10—限速阀；12—梭阀；13—手动合流阀；14—回转马达；
15—限压补油阀组；16，17—行走马达；18—行走马达双速阀；19—补油单向阀；20—阻尼孔；
21—冷却器；22—过滤器；23—过载阀；A，B，C，D，E，F—手动换向阀

c.行走机构快速后退　在行走机构后退工况，使双速阀 18 的电磁铁通电，则行走马达串联，可驱动挖掘机快速后退。油路结构及油流情况如图 5-32 所示（详细分析从略）。

5.4.2　串联供油

串联供油时，必须同时操纵几个手柄，使相应的阀芯移动，切断卸荷回路，油路串联，液压油进入第一个执行元件，其回油就成了后一执行元件的进油，依此类推，最后一个执行元件的回油排到回油总管。由于是串联回路，在轻载下可实现多机构的同时动作。各执行机构要短时锁紧或制动，可操作相应换向阀使其处于中位来实现。

图 5-33 所示为动臂缸和斗杆缸串联供油时的油路结构和油流情况。

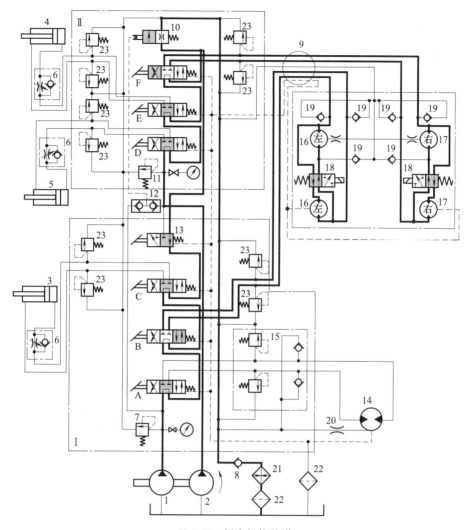

图 5-29 行走机构前进

1，2—液压泵；3—铲斗缸；4—斗杆缸；5—动臂缸；6—单向节流阀；7，11—溢流阀；
8—背压阀；9—中心回转接头；10—限速阀；12—梭阀；13—手动合流阀；14—回转马达；
15—限压补油阀组；16，17—行走马达；18—行走马达双速阀；19—补油单向阀；20—阻尼孔；
21—冷却器；22—过滤器；23—过载阀；A，B，C，D，E，F—手动换向阀

动臂缸的进、回油路线如下。

进油路：液压泵 2→换向阀 D 右位→单向节流阀 6 中的单向阀→动臂缸 5 无杆腔。

回油路：动臂缸 5 有杆腔→换向阀 D 右位→换向阀 E 右位→斗杆缸 4 有杆腔。

动臂缸的回油就是斗杆缸的进油，斗杆缸的进、回油路线如下。

进油路：动臂缸 5 有杆腔→换向阀 D 右位→换向阀 E 右位→斗杆缸 4 有杆腔。

回油路：斗杆缸 4 无杆腔→单向节流阀 6 中的节流阀→换向阀 E 右位→换向阀 F
中位→限速阀 10 左位→背压阀 8→冷却器 21→过滤器 22→油箱。

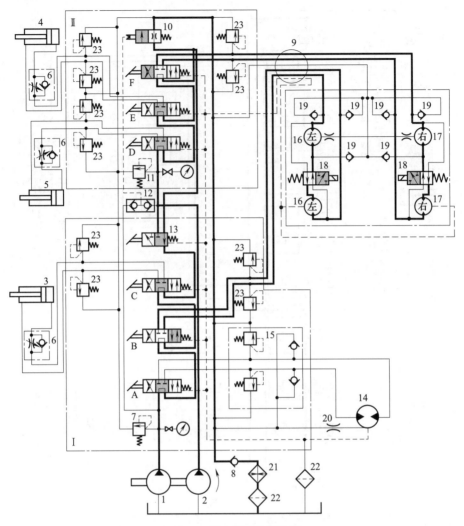

图 5-30 行走机构快速前进

1，2—液压泵；3—铲斗缸；4—斗杆缸；5—动臂缸；6—单向节流阀；7，11—溢流阀；
8—背压阀；9—中心回转接头；10—限速阀；12—梭阀；13—手动合流阀；14—回转马达；
15—限压补油阀组；16，17—行走马达；18—行走马达双速阀；19—补油单向阀；20—阻尼孔；
21—冷却器；22—过滤器；23—过载阀；A，B，C，D，E，F—手动换向阀

5.4.3 合流供油

当手动合流阀 13 扳至左位时，液压泵 1 与液压泵 2 产生的压力油合流，两液压泵共同向动臂缸供油，提高工作速度，同时也能充分利用发动机功率。一般情况下，为提高工作效率，会在动臂缸和斗杆缸动作时采用合流供油。

（1）动臂缸合流供油

图 5-34 所示为动臂缸合流供油时的油路结构及油流情况。

> 进油路：液压泵 1→换向阀 A 中位→换向阀 B 中位→换向阀 C 中位→合流阀 13 左位→换向阀 D 右位→单向节流阀 6 中的单向阀→动臂缸 5 无杆腔；液压泵 2→换向阀 D

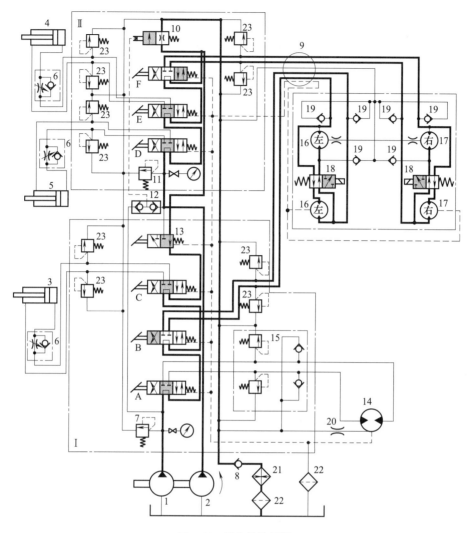

图 5-31　行走机构后退

1，2—液压泵；3—铲斗缸；4—斗杆缸；5—动臂缸；6—单向节流阀；7，11—溢流阀；
8—背压阀；9—中心回转接头；10—限速阀；12—梭阀；13—手动合流阀；14—回转马达；
15—限压补油阀组；16，17—行走马达；18—行走马达双速阀；19—补油单向阀；20—阻尼孔；
21—冷却器；22—过滤器；23—过载阀；A，B，C，D，E，F—手动换向阀

右位→单向节流阀 6 中的单向阀→动臂缸 5 无杆腔。

回油路：动臂缸 5 有杆腔→换向阀 D 右位→换向阀 E 中位→换向阀 F 中位→限速阀 10 左位→背压阀 8→冷却器 21→过滤器 22→油箱。

（2）铲斗缸和斗杆缸联动时的合流供油

图 5-35 所示为铲斗缸 3 和斗杆缸 4 同时动作时的油路结构和油流情况。铲斗缸 3 由液压泵 1 供油，排油经合流阀 13 与液压泵 2 提供的压力油合流，进入斗杆缸，能够驱动斗杆快速运动。

① 铲斗缸

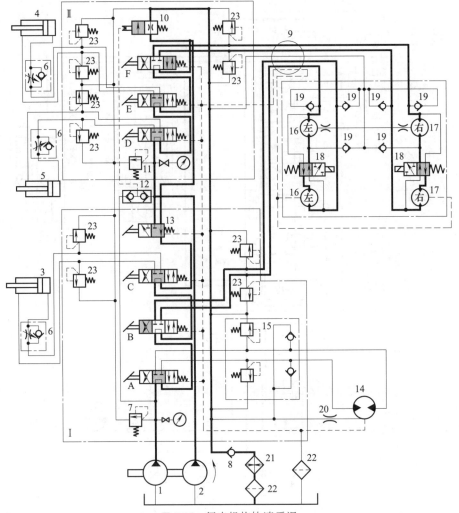

图 5-32　行走机构快速后退

1, 2—液压泵；3—铲斗缸；4—斗杆缸；5—动臂缸；6—单向节流阀；7, 11—溢流阀；
8—背压阀；9—中心回转接头；10—限速阀；12—梭阀；13—手动合流阀；14—回转马达；
15—限压补油阀组；16, 17—行走马达；18—行走马达双速阀；19—补油单向阀；20—阻尼孔；
21—冷却器；22—过滤器；23—过载阀；A, B, C, D, E, F—手动换向阀

进油路：液压泵 1→换向阀 A 中位→换向阀 B 中位→换向阀 C 左位→单向节流阀 6 中的单向阀→铲斗缸 3 无杆腔。

回油路：铲斗缸 3 有杆腔→换向阀 C 左位→合流阀 13 左位→换向阀 D 中位→换向阀 E 右位→斗杆缸 4 有杆腔。

② 斗杆缸

进油路：铲斗缸 3 有杆腔→换向阀 C 左位→合流阀 13 左位→换向阀 D 中位→换向阀 E 右位→斗杆缸 4 有杆腔；液压泵 2→换向阀 D 中位→换向阀 E 右位→斗杆缸 4 有杆腔。

回油路：斗杆缸 4 无杆腔→单向节流阀 6 中的节流阀→换向阀 E 右位→换向阀 F 中位→限速阀 10 左位→背压阀 8→冷却器 21→过滤器 22→油箱。

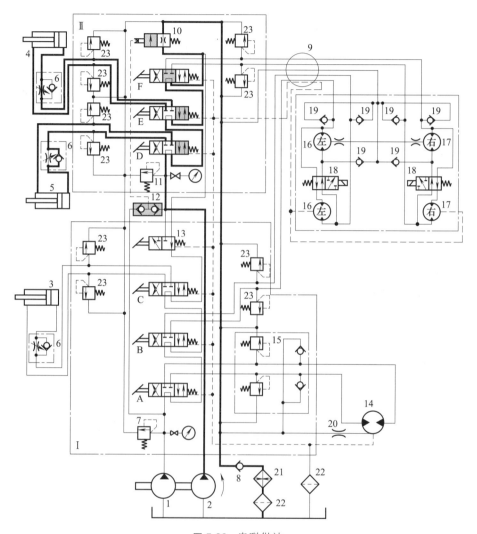

图 5-33 串联供油

1，2—液压泵；3—铲斗缸；4—斗杆缸；5—动臂缸；6—单向节流阀；7，11—溢流阀；
8—背压阀；9—中心回转接头；10—限速阀；12—梭阀；13—手动合流阀；14—回转马达；
15—限压补油阀组；16，17—行走马达；18—行走马达双速阀；19—补油单向阀；20—阻尼孔；
21—冷却器；22—过滤器；23—过载阀；A，B，C，D，E，F—手动换向阀

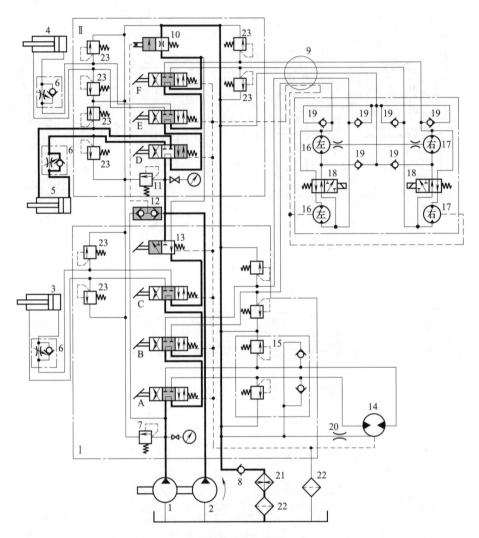

图 5-34 合流供油

1，2—液压泵；3—铲斗缸；4—斗杆缸；5—动臂缸；6—单向节流阀；7，11—溢流阀；
8—背压阀；9—中心回转接头；10—限速阀；12—梭阀；13—手动合流阀；14—回转马达；
15—限压补油阀组；16，17—行走马达；18—行走马达双速阀；19—补油单向阀；20—阻尼孔；
21—冷却器；22—过滤器；23—过载阀；A，B，C，D，E，F—手动换向阀

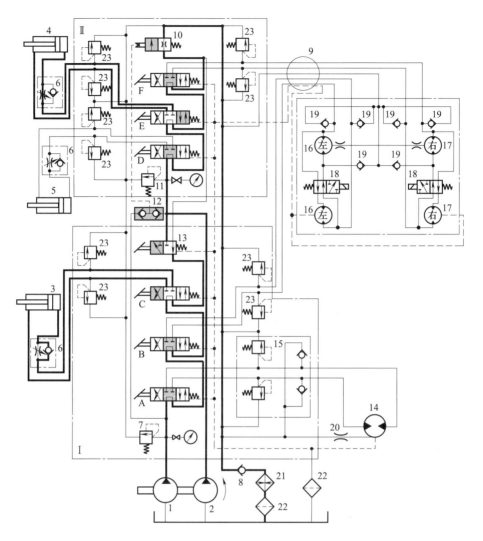

图 5-35 铲斗缸、斗杆缸联合动作

1，2—液压泵；3—铲斗缸；4—斗杆缸；5—动臂缸；6—单向节流阀；7，11—溢流阀；
8—背压阀；9—中心回转接头；10—限速阀；12—梭阀；13—手动合流阀；14—回转马达；
15—限压补油阀组；16，17—行走马达；18—行走马达双速阀；19—补油单向阀；20—阻尼孔；
21—冷却器；22—过滤器；23—过载阀；A，B，C，D，E，F—手动换向阀

5.5 构成液压挖掘机液压系统的基本回路分析

5.5.1 卸荷回路

如图 5-36 所示，三位四通手动换向阀 A、B、C、D、E、F 的中位机能都是 M 型，当 6 个换向阀都处于中位时，液压泵 1 和液压泵 2 卸荷。卸荷压力为背压阀 8 的调压值，此压力可以通过梭阀 12 使液动限速阀 10 左位接入。

　　液压泵 1 油流路线：液压泵 1→换向阀 A 中位→换向阀 B 中位→换向阀 C 中位→合流阀 13 右位→限速阀 10 左位→背压阀 8→冷却器 21→过滤器 22→油箱。

　　液压泵 2 油流路线：液压泵 2→换向阀 D 中位→换向阀 E 中位→换向阀 F 中位→限速阀 10 左位→背压阀 8→冷却器 21→过滤器 22→油箱。

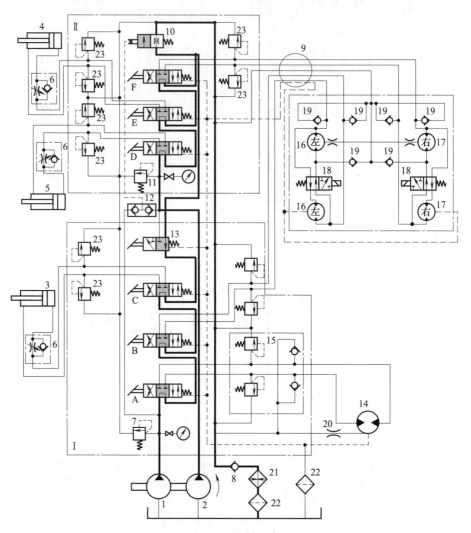

图 5-36　卸荷回路

1，2—液压泵；3—铲斗缸；4—斗杆缸；5—动臂缸；6—单向节流阀；7，11—溢流阀；
8—背压阀；9—中心回转接头；10—限速阀；12—梭阀；13—手动合流阀；14—回转马达；
15—限压补油阀组；16，17—行走马达；18—行走马达双速阀；19—补油单向阀；20—阻尼孔；
21—冷却器；22—过滤器；23—过载阀；A，B，C，D，E，F—手动换向阀

5.5.2　回油节流调速回路

　　本系统在动臂缸、斗杆缸和铲斗缸的回油路上都设有单向节流阀 6，当活塞杆缩回时，通过其中的节流阀控制执行元件的运动速度。

图 5-37 所示为动臂缩回时由液压泵 2、溢流阀 11、单向节流阀 6 及动臂缸 5 构成的回油节流调速回路。该回路由定量泵 2 供油，溢流阀 11 定压，节流阀调定动臂缸 5 缩回的速度。多余的油液通过溢流阀 11 流回油箱，溢流量的大小自动与活塞的运动速度相匹配。

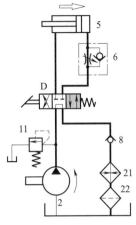

图 5-37　回油节流调速回路
（数字编号见图 5-36）

5.5.3　合流回路

手动合流阀 13 在右位时起分流作用。当多路换向阀 Ⅰ 控制的执行机构不工作时，操作此阀（使阀处于左位），则泵 1 输出的压力油经多路换向阀 Ⅰ 进入多路换向阀 Ⅱ，使两泵合流，从而提高多路换向阀 Ⅱ 控制的执行机构的工作速度。动臂、斗杆常需快速动作，以提高工作效率。

5.5.4　限速回路

多路换向阀 Ⅰ、Ⅱ 的回油都要经限速阀 10 流至回油总管，再经过背压阀 8、冷却器 21、过滤器 22 流回油箱。限速阀 10 的作用是控制挖掘机下坡时的行走速度，防止超速溜坡。限速阀 10 由梭阀 12 控制。此外，通过单向节流阀 6 也可防止动臂、斗杆和铲斗因自重产生超速下降。

5.5.5　快、慢速转换回路

双速阀 18 可使行走马达串、并联转换，进而实现挖掘机行走时快、慢速的转换。行走马达并联时，能够输出低转速大转矩，常用于道路阻力大或上坡行驶工况。当行走马达串联时，输出转矩小，但转速高，行走马达处于高转速小转矩工况。

5.5.6　调压、安全回路

本液压系统的双泵、双回路中设有溢流阀 7 和 11，以分别限制两回路的最大工作压力，其调定压力相同。在各执行元件的进、出油口均设置了过载阀 23，以防止在制动或遇有异常负载时出现液压冲击。

5.5.7　背压补油回路

进入液压马达内部（柱塞腔、配油轴内腔）和马达壳体内（渗漏低压油）的液压油温度不同，使马达各零件膨胀不一样，会造成密封滑动面卡死。为防止这种现象发生，通常在马达壳体内（渗漏腔）引出两个油口，一油口通过阻尼孔 20 与有背压的回油路相通，另一油口直接与油箱相通（无背压）。这样，背压回路中的低压热油经阻尼孔 20 减压后进入液压马达壳体，使马达壳体内保持一定的循环油，从而使马达各零件内、外温度和液压油油温保持一致。壳体内油液的循环流动还可冲掉壳体内的磨损物。此外，在行走马达超速时，可通过补油单向阀 19 向马达补油，防止液压马达吸空。

5.6 典型元件分析

5.6.1 径向柱塞泵

图 5-38 所示为径向柱塞泵的工作原理。径向柱塞泵的柱塞径向布置在缸体上，在转子 2 上径向均匀分布着数个柱塞孔，孔中装有柱塞 5；转子 2 的中心与定子 1 的中心之间有一个偏心距 e。在固定不动的配油轴 3 上，相对于柱塞孔的部位有相互隔开的上下两个配油窗口，该配油窗口又分别通过所在部位的轴向孔与泵的吸、排油口连通。当转子 2 旋转时，柱塞 5 在离心力及机械回程力作用下，其头部与定子 1 的内表面紧紧接触，由于转子 2 与定子 1 存在偏心，所以柱塞 5 在随转子转动时，又在柱塞孔内径向往复滑动。当转子 2 按图 5-38 所示箭头方向旋转时，上半周的柱塞均向外滑动，柱塞孔内的密封容积增大，通过轴向孔吸油；下半周的柱塞均向内滑动，柱塞孔内的密封容积减小，通过配油盘向外排油。

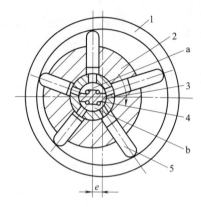

图 5-38 径向柱塞泵的工作原理

1—定子；2—转子；3—配油轴；4—衬套；

5—柱塞；a—吸油腔；b—压油腔

当移动定子，改变偏心距 e 的大小时，泵的排量就发生了改变。当移动定子使偏心距从正值变为负值时，泵的吸、排油口就互相调换，因此径向柱塞泵可以是单向或双向变量泵。为了流量脉动率尽可能小，通常使柱塞数为奇数。

 知识扩展：径向柱塞泵的特点

径向柱塞泵利用转子与定子之间的偏心，在转子旋转过程中，柱塞对转子产生相对移动，密封容积发生变化，实现吸、排油。径向柱塞泵具有以下特点。

① 柱塞呈径向分布，径向尺寸大，轴向尺寸小，便于组成液压泵-液压马达的机组。

② 压力不很高，流量很大。径向柱塞泵的柱塞与缸体都是回转表面，机械加工工艺性好，配合精度容易保证，本来承压可很高，但由于转子的衬套与中间的配油轴之间要相对转动，间隙较大，并且配油轴上的封油区尺寸较小，成为主要泄漏通道，此外配油轴因受径向不平衡力的作用而变形，必须加大间隙，更增加了泄漏，因此为了不降低容积效率，压力不能很高，一般最高工作压力为 20MPa 左右。

③ 由于柱塞径向排列数目较多，可以单排、双排、甚至多排，所以径向柱塞泵的流量可以很大。

④ 改变偏心距可以改变流量，改变偏心的方向可以改变吸、排油的方向，这对于大型拉、刨等机床很适用，因为这些机床进给速度要求不高，流量大，压力高，改变偏

心方向可实现换向。由于改变过程是一个渐变的过程，这就解决了高压大流量液压系统中存在的换向冲击问题。

⑤ 没有自吸能力，往往要用齿轮泵为其进口提供 0.5MPa 的低压油。

5.6.2 低速大转矩液压马达

低速大转矩液压马达是相对于高速马达而言的，通常这类马达在结构形式上多为径向柱塞式。其特点是最低转速低（5～10r/min），输出转矩大（可达几万牛米），径向尺寸大，转动惯量大。由于上述特点，它可以与工作机构直接连接，不需要减速装置，使传动结构大为简化。低速大转矩液压马达广泛用于起重、运输、建筑、矿山和船舶等机械上。

本系统采用的是多作用内曲线低速大转矩液压马达。多作用内曲线低速大转矩液压马达的结构形式也有很多，就使用方式而言，有轴转、壳转与直接装在车轮的轮毂中的车轮式液压马达等形式。而从内部结构来看，根据不同的传力方式，柱塞部件的结构可有多种形式，但是液压马达的主要工作过程是相同的。

多作用内曲线低速大转矩液压马达的工作原理如图 5-39 所示。马达由定子 1（也称凸轮环）、转子 2、配油轴 4 与柱塞组等主要部件组成，定子 1 的内壁由若干段均布的、形状完全相同的曲面组成，每一相同形状的曲面又可分为对称的两边，其中允许柱塞副向外伸的一边称为进油工作段。与它对称的另一边称为排油工作段。每个柱塞在液压马达每转中往复的次数就等于定子曲面数 x，将 x 称为该液压马达的作用次数。在转子的径向有 z 个均匀分布的柱塞孔，每个孔的底部都有一配油窗口

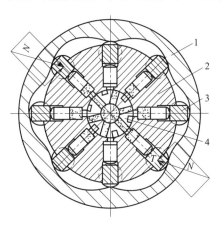

图 5-39　多作用内曲线低速大转矩
液压马达的工作原理
1—定子；2—转子；3—柱塞；4—配油轴

并与中心配油轴 4 相应的配油孔相通。配油轴 4 中间有进油和回油的孔道，其位置与进油工作段和回油工作段的位置相对应，配油轴圆周上有 $2x$ 个均布配油窗口。柱塞组以很小的间隙置于转子 2 的柱塞孔中。作用在柱塞上的液压力经滚轮传递到定子曲面上。

来自液压泵的高压油首先进入配油轴，经配流油窗口进入处于工作段的各柱塞孔中，使相应的柱塞组的滚轮顶在定子曲面上，在接触处，定子曲面给柱塞组一反力 N，该反力作用在定子曲面与滚轮接触处的公法面上，法向反力 N 可分解为径向力 F_r 和圆周力 F_a，F_r 与柱塞底面的液压力以及柱塞组的离心力等相平衡，而 F_a 所产生的驱动力矩则克服负载力矩使转子 2 旋转。柱塞的运动为复合运动，即随转子 2 旋转的同时还在转子的柱塞孔内往复运动，定子和配油轴是不转的。而对应于定子曲面回油段的柱塞依相反方向运动，通过配油轴回油，当柱塞组经定子曲面工作段过渡到回油段的瞬间，供油和回油通道被封死。

若将液压马达的进、出油方向对调，液压马达将反转；若将驱动轴固定，则定子、配油轴和壳体将旋转，通常称为壳转工况，变为车轮马达。

5.7 液压系统特点

① 由于该液压挖掘机采用了双泵、双回路系统，泵1、2分别向多路阀Ⅰ、Ⅱ控制的执行机构供油，因而分属这两回路中的任意两机构，无论是在轻载还是在重载下，都可实现无干扰的复合动作，例如铲斗和动臂、铲斗和斗杆的复合动作；多路阀Ⅰ、Ⅱ所控制的执行机构在轻载时也可实现多机构的同时动作。因此，系统具有较高的生产率，能充分利用发动机的功率。

② 挖掘机各主要机构启动、制动频繁，工作负载变化大、振动冲击大。由于系统具有较完善的安全装置（如防止动臂、斗杆因自重快速下降，防止整机超速溜坡的装置等），因而保证了系统在工作负载变化大且有急剧冲击和振动的作业条件下，仍具有可靠的工作性能。

③ 系统液压元件的布置均采用集成化，如所有的压力调节均集中在多路换向阀阀体内，所有滤清元件集中在油箱上，双速阀同双速马达组成一体。这样，在几个单元总成之间，只需通过管路连接即可，便于安装及维修保养。

④ 由于系统采用了风冷式冷却器，可保证系统在工作环境恶劣、温度变化大、连续作业条件下，油温保持在50~70℃范围内，最高不超过80℃，从而保证了系统工作性能的稳定。

汽车起重机液压系统分析

6.1 汽车起重机简介

汽车起重机是将起重机安装在汽车底盘上的一种起重运输设备。它主要由起升、回转、变幅、伸缩和支腿等工作机构组成,这些工作机构动作的完成由液压系统来实现。对于汽车起重机的液压系统,一般要求输出力大,动作平稳,耐冲击,操作灵活、方便、可靠、安全。

图 6-1 所示为汽车起重机简图。该机采用液压传动,具有较高的行走速度,可与装运工具的车编队行驶,机动性好,当装上附加吊臂后(图中未表示),可用于建筑工地吊装

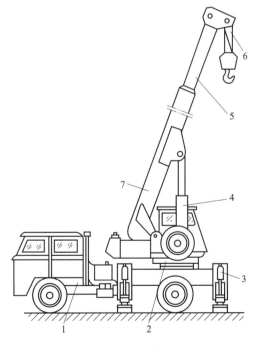

图 6-1 汽车起重机简图

1—载重汽车;2—回转机构;3—支腿;4—大臂变幅缸;5—大臂伸缩缸;6—起升机构;7—基本臂

预制件。液压起重机承载能力大,可在有冲击、振动、温度变化大和环境较差的条件下工作。其执行元件要求完成的动作比较简单,位置精度较低。液压起重机一般采用中、高压手动控制系统,系统对安全性要求较高。

6.2 汽车起重机液压系统的组成

6.2.1 了解系统

图 6-2 所示为汽车起重机液压系统图。该系统的液压泵由汽车发动机通过装在汽车底盘上的变速器驱动。液压泵通过中心回转接头从油箱吸油,输出的压力油经手动阀组 A 和 B 输送到各个执行元件。溢流阀 12 是安全阀,用以防止系统过载,其实际工作压力可由压力表读取。这是一个单泵、开式、串联(串联式多路阀)液压系统。

系统中除液压泵、过滤器、安全阀、阀组 A 及支腿部分外,其他液压元件都装在可回转的上车部分,其中油箱兼作配重。上车部分和下车部分的油路通过中心回转接头连通。起重机液压系统包含锁紧、支腿收放、回转、起升、大臂变幅等几部分,各部分具有相对的独立性。

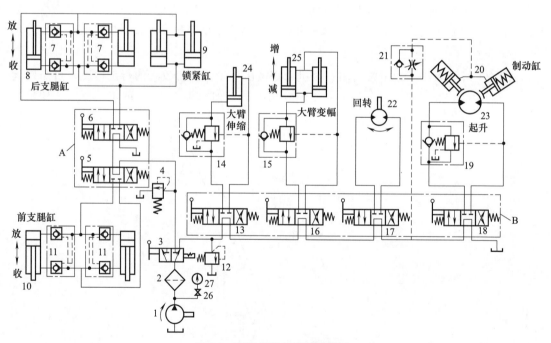

图 6-2 汽车起重机液压系统图

1—液压泵;2—过滤器;3—二位三通手动换向阀;4,12—溢流阀;5,6,13,16,17,18—三位四通
手动换向阀;7,11—双向液压锁;8,9,10,20,24,25—液压缸;14,15,19—平衡阀;
21—单向节流阀;22,23—液压马达;26—压力表开关;27—压力表;A,B—手动阀组

6.2.2 组成元件及功能

浏览图 6-2 所示的液压系统,按照动力元件、执行元件、控制元件和辅助元件的顺序

确定系统的组成元件，并初步确定各元件的功能。

（1）动力元件

液压泵是能量转换元件，把原动机的机械能转换为压力能。

1台单向定量液压泵，为系统提供油源。

（2）执行元件

执行元件包括液压缸和液压马达，都是能量转换元件，把液压系统的压力能转换为机械能，驱动各运动部件完成规定的动作。

9个单杆活塞缸。锁紧缸9、前支腿缸10、后支腿缸8和变幅缸25均为双缸同步运动，分别驱动锁紧、支腿收放和变幅；单杆活塞缸24驱动大臂伸缩。

2个单作用缸。制动缸20在重物起升后实现制动。

2个液压马达。马达22负责回转动作；马达23为双向定量液压马达，驱动重物（负载）升降。

（3）控制元件

控制元件就是各种液压阀，能够通过控制油液的压力、流量及流动方向，使执行元件完成规定的动作。

2个溢流阀。溢流阀4和12在系统中起安全阀的作用。

6个三位四通手动换向阀。分别控制支腿缸、大臂伸缩缸、变幅缸、回转马达和制动缸换向。

1个二位三通手动换向阀。实现不同子系统的油路切换。

2个双向液压锁。分别锁紧前、后支腿液压缸。

1个单向节流阀。控制制动缸的运动速度。

3个单向顺序阀。也称平衡阀，平衡阀14、15使大臂伸缩缸、变幅缸不会因自重而下落。平衡阀19用于平衡起升的负载重量。

（4）辅助元件

1个过滤器。过滤油液，去除污染物。

1个油箱。储存油液，同时还有排污和散热的功能。

1个压力表和压力表开关。检测液压泵出口处的压力。

6.3 划分并分析子系统

按照执行元件的个数将系统分解成子系统，则液压系统图的分析更加容易。为更好地理解和分析液压系统图，分解以后绘制的子系统图保留了原系统图的编号。

按照各传动机构可将图6-2所示的汽车起重机液压系统分解为八个子系统，分别实现锁紧、前支腿收放、后支腿收放、起升、制动、大臂伸缩、大臂变幅及起重机构回转等功能。

由于汽车轮胎的支承能力有限，在起重作业时必须放下支腿，使汽车轮胎架空，形成一个固定的工作基础平台。汽车行驶时则必须收起支腿。前后各有两条支腿，每一条支腿配有一个液压缸。两条前支腿用一个三位四通手动换向阀5控制其收放，而两条后支腿则用另一个三位四通手动换向阀 6 控制。换向阀都采用 M 型中位机能，油路上是串联的。每一对液压缸上都配有一个双向液压锁，以保证支腿可靠锁止，防止在起重作业过程中发生"软腿"现象（液压缸油路泄漏引起）或行车过程中液压支腿自行下落。支腿动作的一般顺序是：锁紧缸 9 锁紧后桥板簧，同时后支腿缸 8 放下后支腿到所需位置，再由缸前支腿缸 10 放下前支腿；作业结束后，先收前支腿，再收后支腿。

6.3.1 锁紧子系统

锁紧子系统能够驱动锁紧缸 9 完成对汽车后桥板簧的锁紧和解锁动作，以保证汽车在起重作业时固定不动。如图 6-3 所示，锁紧子系统由液压泵 1、过滤器 2、二位三通手动换向阀 3、溢流阀 4、换向阀组 A 和锁紧缸 9 等元件组成。液压泵 1 向系统提供压力油；过滤器 2 过滤油液；换向阀 3 实现上车部分和下车部分的油路切换；溢流阀 4 是安全阀，限制系统的最大压力；换向阀组 A 控制锁紧缸动作；锁紧缸驱动汽车板桥弹簧锁紧和解锁。

（1）锁紧缸锁紧

如图 6-4 所示，操纵手动换向阀 3 左位接入，使换向阀组 A 中的换向阀 5 中位、换向阀 6 右位接入，压力油进入锁紧缸 9 下腔，活塞上移实现锁紧。

> 进油路：液压泵 1→过滤器 2→换向阀 3 左位→换向阀 5 中位→换向阀 6 右位→锁紧缸 9 下腔。
>
> 回油路：锁紧缸 9 上腔→换向阀 6 右位→油箱。

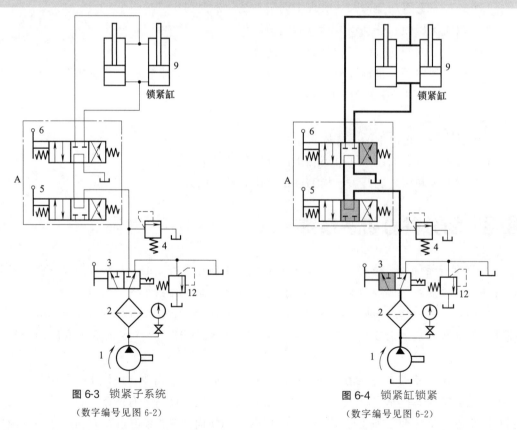

图 6-3　锁紧子系统
（数字编号见图 6-2）

图 6-4　锁紧缸锁紧
（数字编号见图 6-2）

（2）锁紧缸解锁

如图6-5所示，操纵手动换向阀3左位接入，使换向阀组A中的换向阀5中位、换向阀6左位接入，压力油进入锁紧缸9上腔，活塞下移实现解锁。

进油路：液压泵1→过滤器2→换向阀3左位→换向阀5中位→换向阀6左位→锁紧缸9上腔。

回油路：锁紧缸9下腔→换向阀6左位→油箱。

6.3.2 前支腿子系统

前支腿子系统能够通过一对前支腿缸驱动两条前支腿的收放。在锁紧缸锁紧和后支腿放下后，前支腿可以放下及收起。如图6-6所示，前支腿子系统由液压泵1、过滤器2、二位三通手动换向阀3、溢流阀4、换向阀组A、双向液压锁11和前支腿缸10等元件组成。各元件功能如前所述。

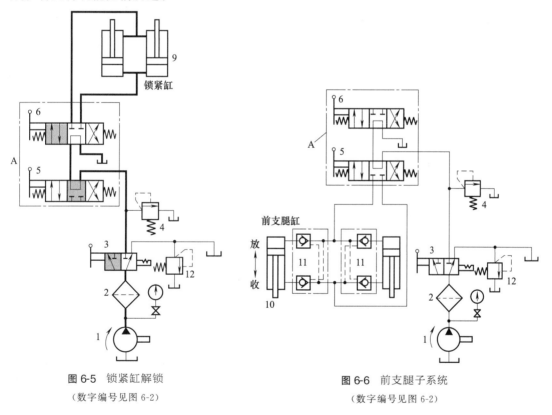

图6-5 锁紧缸解锁

（数字编号见图6-2）

图6-6 前支腿子系统

（数字编号见图6-2）

（1）前支腿放下

如图6-7所示，换向阀3左位接入，换向阀6切换到中位，换向阀5切换到右位，前支腿放下。

进油路：液压泵1→过滤器2→换向阀3左位→换向阀5右位→双向液压锁11→液压缸10上腔。

回油路：液压缸10下腔→双向液压锁11→换向阀5右位→换向阀6中位→油箱。

（2）前支腿收起

如图 6-8 所示，换向阀 3 左位、换向阀 6 中位接入，换向阀 5 切换到左位，前支腿收起。

进油路：液压泵 1→过滤器 2→换向阀 3 左位→换向阀 5 左位→双向液压锁 11→液压缸 10 下腔。

回油路：液压缸 10 上腔→双向液压锁 11→换向阀 5 左位→换向阀 6 中位→油箱。

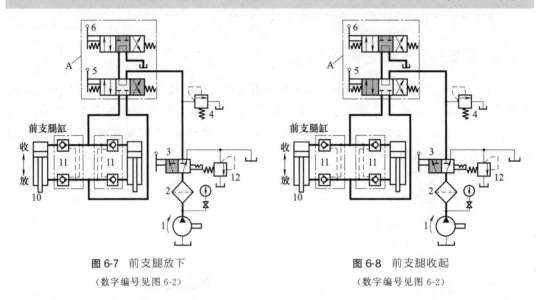

图 6-7　前支腿放下

（数字编号见图 6-2）

图 6-8　前支腿收起

（数字编号见图 6-2）

6.3.3　后支腿子系统

后支腿子系统能够通过一对后支腿缸驱动两条后支腿的收放。如图 6-9 所示，后支腿

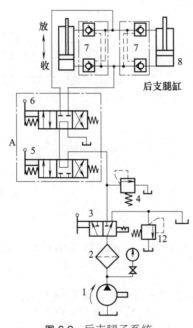

图 6-9　后支腿子系统

（数字编号见图 6-2）

子系统由液压泵 1、过滤器 2、二位三通手动换向阀 3、溢流阀 4、换向阀组 A、双向液压锁 7 和后支腿缸 8 等元件组成。其中，双向液压锁 7 用于支腿放下或收起后锁紧液压缸，其他元件功能如前所述。

（1）后支腿放下

如图 6-10 所示，二位三通手动换向阀 3 切换到左位，换向阀组 A 中的换向阀 5 中位、换向阀 6 右位接入，压力油进入后支腿缸下腔，后支腿放下。

进油路：液压泵 1→过滤器 2→换向阀 3 左位→换向阀 5 中位→换向阀 6 右位→双向液压锁 7→后支腿缸 8 下腔。

回油路：后支腿缸 8 上腔→双向液压锁 7→换向阀 6 右位→油箱。

（2）后支腿收起

如图 6-11 所示，二位三通手动换向阀 3 切换到左位，换向阀组 A 中的换向阀 5 中位、换向阀 6 左位接入，压力油进入后支腿缸上腔，后支腿收起。

进油路：液压泵 1→过滤器 2→换向阀 3 左位→换向阀 5 中位→换向阀 6 左位→双向液压锁 7→后支腿缸 8 上腔。

回油路：后支腿缸 8 下腔→双向液压锁 7→换向阀 6 左位→油箱。

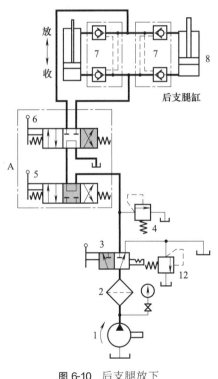

图 6-10　后支腿放下

（数字编号见图 6-2）

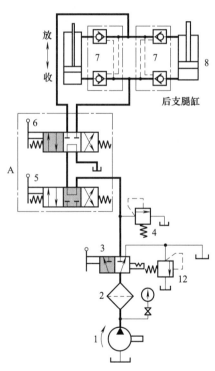

图 6-11　后支腿收起

（数字编号见图 6-2）

（3）前、后支腿缸同步动作

由于换向阀组 A 中的两个换向阀是串联关系，所以前后四条支腿还可以同步动作。

前、后支腿同步放下时油路结构及油流情况如图 6-12（a）所示，从液压泵流出的压力油过换向阀 5 右位、双向液压锁 11，先到前支腿缸 10 无杆腔，前支腿缸 10 有杆腔的回油过双向液压锁、换向阀 5 右位，到换向阀 6 右位后成为后支腿缸 8 和锁紧缸 9 的进油，后支腿缸 8 及锁紧缸 9 的回油过换向阀 6 右位后回油箱。

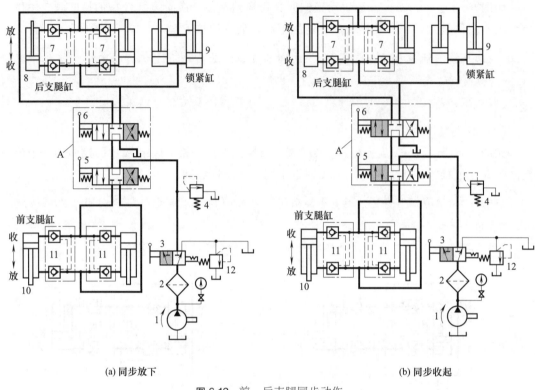

(a) 同步放下 (b) 同步收起

图 6-12　前、后支腿同步动作

（数字编号见图 6-2）

若要前、后支腿同步收起，将换向阀组 A 中的两个换向阀都切换到左位即可，进、回油路线如图 6-12（b）所示。

6.3.4　起升子系统

起升子系统如图 6-13 所示。该子系统由液压泵 1、过滤器 2、二位三通手动换向阀 3、溢流阀 12、三位四通手动换向阀 18、平衡阀 19 和双向定量液压马达 23 等元件组成。溢流阀 12 为安全阀。

起升子系统要求所吊重物可升降或在空中停留，速度要平稳、变速要方便、冲击要小、启动转矩要大，本系统中采用柱塞液压马达带动重物升降，变速是通过改变手动换向阀 18 的开口大小来实现的，用液控单向顺序阀（平衡阀）19 来限制重物超速下降。

（1）起升

起升重物时，换向阀 3 右位接入，手动换向阀 18 切换至左位，如图 6-13（a）所示。

进油路：液压泵 1→过滤器 2→换向阀 3 右位→换向阀 18 左位→单向顺序阀 19 中的单向阀→液压马达 23。

回油路：液压马达 23→换向阀 18 左位→油箱。

（2）下降

重物下降时，液压马达反转。换向阀 3 右位接入，手动换向阀 18 切换至右位，如图 6-13（b）所示。

进油路：液压泵 1→过滤器 2→换向阀 3 右位→换向阀 18 右位→液压马达 23。

回油路：液压马达 23→单向顺序阀 19 中的顺序阀→换向阀 18 右位→油箱。

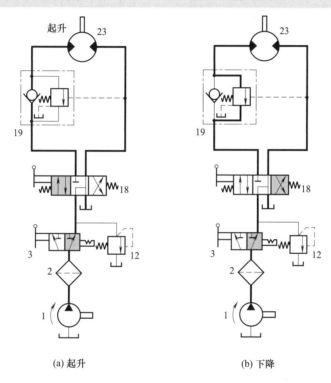

(a) 起升   (b) 下降

图 6-13 起升子系统

（数字编号见图 6-2）

6.3.5 制动子系统

制动子系统如图 6-14 所示。该子系统由液压泵 1、过滤器 2、二位三通手动换向阀 3、溢流阀 12、三位四通手动换向阀 18、单向节流阀 21 和制动缸 20 等元件组成。制动缸 20 为单作用单杆活塞缸，只有一个油口，液压作用力只能使活塞杆缩回，活塞杆伸出靠弹簧力。溢流阀 12 为安全阀。单向节流阀 21 一是保证液压油先进入起升液压马达，使马达产生一定的转矩，再解除制动，以防止重物带动马达旋转而向下滑；二是保证吊物升降停止时，制动缸中的油马上与油箱相通，使马达迅速制动。

在起升或者下降时，压力油进入制动缸解除制动，如图 6-14（a）所示。当停止作业

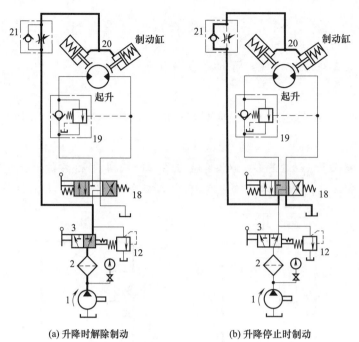

(a) 升降时解除制动　　　　　　　　　(b) 升降停止时制动

图 6-14　制动子系统

（数字编号见图 6-2）

时，换向阀 18 处于中位，泵卸荷。制动缸 20 上的制动瓦在弹簧力作用下使液压马达制动，如图 6-14（b）所示。当重物悬空停止后再次起升时，若制动器立即松闸，但马达的进油路可能未来得及建立足够的油压，就会造成重物短时间失控下滑。为避免这种现象产生，在制动子系统中设置单向节流阀 21，使制动器抱闸迅速，松闸却能缓慢进行（松闸时间由节流阀调节）。

6.3.6　大臂伸缩子系统

大臂伸缩子系统如图 6-15 所示。大臂伸缩采用单级长液压缸驱动，工作中，改变阀 13 的开口大小和方向，即可调节大臂运动速度和使大臂伸缩。大臂伸缩缸的下腔连接了平衡阀 14，其作用是防止伸缩缸及其工作部件在悬空停止期间因自重而自行下滑，或在下行运动中由于自重而造成失控超速的不稳定运动。液压缸上行时，液压油经单向阀通过；液压缸下行时，必须靠上腔进油压力打开顺序阀，而使液压缸稳定地下落。手动换向阀 13 左位、中位、右位分别对应大臂伸出、停止和缩回三种工况。

（1）大臂伸出

如图 6-15（a）所示，换向阀 3 右位接入，换向阀 13 切换到左位，大臂伸出。

进油路：液压泵 1→过滤器 2→换向阀 3 右位→换向阀 13 左位→平衡阀 14 中的单向阀→大臂伸缩缸 24 的无杆腔。

回油路：大臂伸缩缸 24 的有杆腔→换向阀 13 左位→油箱。

（2）大臂缩回

如图 6-15（b）所示，换向阀 3 右位接入，换向阀 13 切换到右位，大臂缩回。

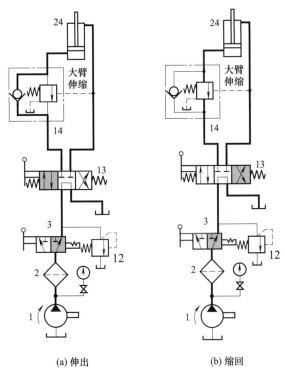

(a) 伸出   (b) 缩回

图 6-15 大臂伸缩子系统

(数字编号见图 6-2)

进油路：液压泵 1→过滤器 2→换向阀 3 右位→换向阀 13 右位→大臂伸缩缸 24 的有杆腔。

回油路：大臂伸缩缸 24 的无杆腔→平衡阀 14 中的顺序阀→换向阀 13 右位→油箱。

（3）大臂任意位置停止

换向阀 3 右位接入，三位四通换向阀 13 切换到中位，此时 O 型中位机能使液压缸锁止，液压泵卸荷，大臂停止。

油流路线：液压泵 1→过滤器 2→换向阀 3 右位→换向阀 13 中位→油箱。

6.3.7 大臂变幅子系统

大臂变幅子系统如图 6-16 所示。大臂变幅机构用于改变作业高度，要求能带载变幅，动作要平稳。本机采用两个液压缸并联，提高了变幅机构承载能力。

（1）大臂增幅

如图 6-16（a）所示，换向阀 3 右位接入，换向阀 16 切换到左位，大臂增幅。

进油路：液压泵 1→过滤器 2→换向阀 3 右位→换向阀 16 左位→平衡阀 15 中的单向阀→变幅缸 25 的无杆腔。

回油路：变幅缸 25 的有杆腔→换向阀 16 左位→油箱。

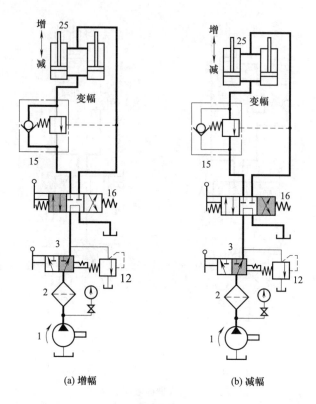

(a) 增幅   (b) 减幅

图 6-16　大臂变幅子系统

（数字编号见图 6-2）

（2）大臂减幅

如图 6-16（b）所示，换向阀 3 右位接入，换向阀 16 切换到右位，大臂减幅。

进油路：液压泵 1→过滤器 2→换向阀 3 右位→换向阀 16 右位→变幅缸 25 的有杆腔。

回油路：变幅液压缸 25 的无杆腔→平衡阀 15 中的顺序阀→换向阀 16 右位→油箱。

6.3.8　回转子系统

回转机构能使大臂在任意方位起吊。回转子系统如图 6-17 所示，本机采用柱塞液压马达，通过蜗轮蜗杆机构减速，转台可获得 1～3r/min 的回转速度。由于该起重机的回转速度很低，一般转动惯性力矩不大，所以在回转液压马达的进、回油路中没有设置过载阀和补油阀。操作换向阀 17，可使马达正、反转或停止。

（1）回转机构正转

如图 6-17（a）所示，换向阀 3 右位接入，换向阀 17 切换到左位，回转机构正转。

进油路：液压泵 1→过滤器 2→换向阀 3 右位→换向阀 17 左位→液压马达 22。

回油路：回转马达 22→换向阀 17 左位→油箱。

（2）回转机构反转

如图 6-17（b）所示，换向阀 3 右位接入，换向阀 17 切换到右位，回转机构反转。

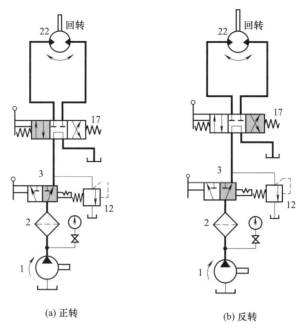

(a) 正转   (b) 反转

图 6-17 回转子系统

（数字编号见图 6-2）

进油路：液压泵 1→过滤器 2→换向阀 3 右位→换向阀 17 右位→回转马达 22。

回油路：回转马达 22→换向阀 17 右位→油箱。

6.4 构成汽车起重机液压系统的基本回路分析

6.4.1 锁紧回路

锁紧回路又称闭锁回路，用以实现使执行元件在任意位置上停止，并防止在受力的情况下发生移动。常用的锁紧回路有以下两种。

（1）利用三位换向阀 O 型或 M 型中位机能的锁紧回路

图 6-18（a）所示为采用换向阀 O 型中位机能的锁紧回路，当两电磁铁均断电时，弹簧使阀芯处于中间位置，液压缸的两工作油口被封闭。由于液压缸两腔都充满油液，而油液又是不可压缩的，所以向左或向右的外力均不能使活塞移动，活塞被双向锁紧。图 6-18（b）所示为 M 型中位机能换向阀，其具有相同的锁紧功能。不同的是前者液压泵不卸荷，并联的其他执行元件运动不受影响，后者的液压泵卸荷。这种锁紧回路结构简单，但由于换向阀密封性差，存在泄漏，所以锁紧效果较差。

在汽车起重机液压系统中，阀组 B 中的换向阀 13、换向阀 16 和换向阀 17 都是 O 型中位机能，分别可实现大臂伸缩、大臂变幅和回转机构的锁紧，但锁紧效果较差。

（2）采用液控单向阀的锁紧回路

图 6-19 是采用液控单向阀的锁紧回路。在液压缸的进、回油路中都串接液控单向阀（又称双向液压锁），活塞可以在行程的任意位置锁紧。其锁紧精度只受液压缸内少量的内

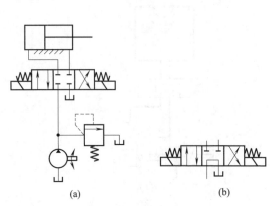

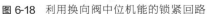

图 6-18　利用换向阀中位机能的锁紧回路

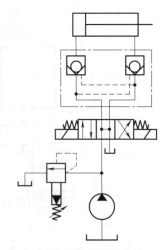

图 6-19　采用液控单向阀的锁紧回路

泄漏影响,因此锁紧精度较高。采用液控单向阀的锁紧回路,换向阀的中位机能应使液控单向阀的控制油液泄压(换向阀采用 H 型或 Y 型中位机能),此时液控单向阀便立即关闭,活塞停止运动。假如采用 O 型中位机能的换向阀,在换向阀中位时,由于液控单向阀的控制腔压力油被封死而不能使其立即关闭,直至由换向阀的内泄漏使控制腔泄压后,液控单向阀才能关闭,影响其锁紧精度。

在汽车起重机液压系统中,前后四条支腿分别由四个双向液压锁锁紧,锁紧精度较高,安全可靠。

6.4.2　同步回路

同步回路的功用是使系统中多个执行元件克服负载、摩擦阻力、泄漏、制造质量和结构变形的影响,而保证在运动上的同步。

同步运动分为速度同步和位置同步两类。速度同步是指各执行元件的运动速度相等,

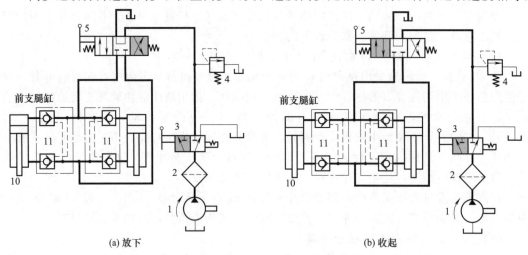

图 6-20　前支腿缸同步运动回路

(数字编号见图 6-2)

而位置同步是指各执行元件在运动中或停止时都保持相同的位移量。实现多缸同步动作的方式有多种，它们的控制精度和成本也相差很大，实际中应根据系统的具体要求进行合理设计。

汽车起重机液压系统在支腿缸、大臂变幅缸、锁紧缸和制动缸的动作过程中都要求双缸同步运动，由于同步精度要求不高，本系统采用了液压缸并联的同步运动回路。图 6-20 所示为前支腿缸同步运动回路。

 知识扩展：常见的同步运动回路

(1) 液压缸串联的同步回路

图 6-21 所示为液压缸串联的双向同步回路，两液压缸的有效作用面积相等。这种回路结构简单，效率较高，但泄漏和制造误差会影响液压缸的同步精度，长期运行位置误差会不断累积，产生严重的同步运动失调现象。为此，一般应在此回路中增设补偿装置。

(2) 液压缸并联的同步回路

图 6-22 所示为液压缸并联的同步回路，汽车起重机液压系统的变幅机构以及前、后支腿采用的就是这种同步回路。这种回路结构简单，效率较高，与串联同步回路一样，液压缸的泄漏和制造误差会影响同步精度。适用于同步精度要求不高的场合。若要提高同步精度，需在回路中增加调速元件。

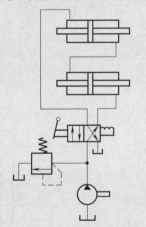

图 6-21 液压缸串联的同步回路

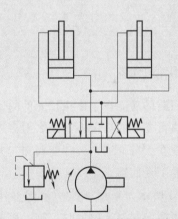

图 6-22 液压缸并联的同步回路

(3) 带补油装置的串联缸同步回路

为解决液压缸串联同步回路的累积误差及同步精度问题，回路中应设置位置补偿装置。图 6-23 所示为带补偿装置的串联缸同步回路。当两缸活塞同时下行时，若缸 5 活塞先到达行程端点，则挡块压下行程开关 7，电磁铁 3YA 得电，换向阀 3 左位接入回路，压力油经换向阀 3 和液控单向阀 4 进入缸 6 上腔，进行补油，使其活塞继续下行到达行程端点。如果缸 6 活塞先到达行程端点，行程开关 8 使电磁铁 4YA 得电，换向阀 3 右位接入回路，压力油进入液控单向阀 4 的控制腔，打开阀 4，缸 5 下腔与油箱接通，使其活塞继续下行到达行程端点，从而消除累积误差。

（4）采用调速阀的单向同步回路

图 6-24 所示为采用调速阀的单向同步回路。在两个并联液压缸的进（回）油路上分别串接一个单向调速阀，仔细调整两个调速阀的开口大小，控制进入两液压缸或自两液压缸流出的流量，可使它们在一个方向上实现速度同步。这种回路结构简单，但调整比较麻烦，而且还受油温、泄漏等的影响，同步精度较高，不宜用于偏载或负载变化频繁的场合。

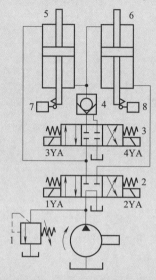

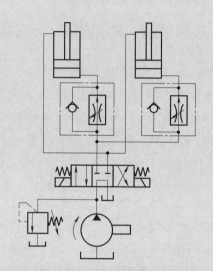

图 6-23　带补偿装置的串联缸同步回路

1—溢流阀；2，3—换向阀；4—液控单向阀；

5，6—液压缸；7，8—行程开关

图 6-24　采用调速阀的单向同步回路

6.4.3　平衡回路

平衡回路的功能在于使执行元件的回油路上始终保持一定的背压，以平衡执行机构重力负载对执行元件的作用力，使之不会因自重而自行下滑。

本系统在大臂伸缩、大臂变幅和起升子系统中都采用了外控平衡阀的平衡回路。

图 6-25 所示为采用外控平衡阀（外控单向顺序阀）的平衡回路。当换向阀处于中位时，缸上腔能迅速泄压，使液控顺序阀迅速关闭，锁紧比较可靠。当换向阀处于右位时，压力油进入缸上腔，外控口压力升高，打开液控顺序阀，使缸下腔回油，活塞下行。由于背压较小，故功率损失也较小。如果在下行过程中，由于自重增加造成下降过快，将使缸上腔的压力油来不及进行相应补充，外控口压力随之降低，液控顺序阀阀口关小，从而阻止活塞超速下降。该回路适用于平衡的重量有变化、安全性要求较高的场合，如应于在液压起重机等设备中。由于液控顺序阀受外控口压力的控制，开口经常处于不稳定状态，影响了工作平稳性。

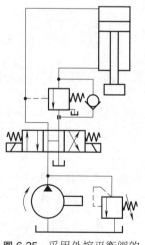

图 6-25　采用外控平衡阀的平衡回路

6.4.4　换向回路

因汽车起重机作业工况的随机性较大且动作频繁，故大多采用手动弹簧复位的多路换向阀来控制各动作。本系统中多路换向阀阀组 A、B 都是串联组合，由阀组 B 连接的换向回路如图 6-26 所示。换向阀 13、16、17、18 分别控制大臂伸缩、大臂变幅、回转、起升四个机构的动作。不仅各机构的动作可以独立进行，各串联的执行元件还可任意组合，使两个或几个执行元件同时动作，以提高工作效率。系统采用手动换向阀，还可以通过手柄操纵来控制流量，以实现节流调速。

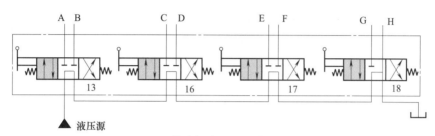

图 6-26　换向阀串联组合的换向回路

（数字编号见图 6-2）

6.4.5　多缸卸荷回路

如图 6-27 所示，本系统中三位四通换向阀均采用 M 型中位机能。当换向阀处于中位时，各执行元件的进油路均被切断，液压泵出口通油箱使泵卸荷，减少了功率损失。

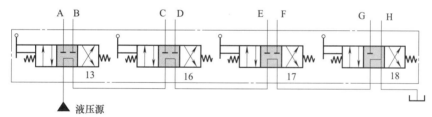

图 6-27　多缸卸荷回路

（数字编号见图 6-2）

6.4.6　压力控制回路

在本系统中，用泵、缸、安全阀（溢流阀 4）构成的压力控制回路来限制支腿子系统的最高压力；用泵、缸、马达和安全阀（溢流阀 12）构成的压力控制回路来限制大臂伸缩、大臂变幅、起升等子系统的最高压力。

6.5　典型元件分析

6.5.1　双向液压锁

如图 6-28（a）所示，两个液控单向阀共用一个阀体和控制活塞，这样组合的结构称为液压锁。当 A_1 口通入压力油时，在导通 A_1 与 A_2 油路的同时推动活塞右移，顶开右侧的单向阀，解除 B_2 到 B_1 的反向截止作用；当 B_1 口通入压力油时，在导通 B_1 与 B_2 油路的同时推动活塞左移，顶开左侧的单向阀，解除 A_2 到 A_1 的反向截止作用；而当 A_1 与 B_1 两口均没有压力油作用时，两个液控单向阀都为关闭状态，油路闭锁。液压锁的图形符号如图 6-28（b）所示。

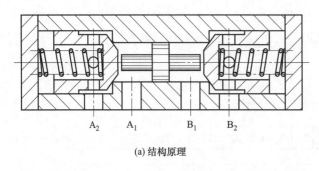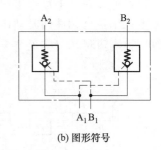

(a) 结构原理   (b) 图形符号

图 6-28 双向液压锁

6.5.2 轴向柱塞马达

液压马达是把液体的压力能转换为机械能的能量转换装置。常用的液压马达有柱塞式、叶片式和齿轮式三大类。根据其排量是否可调，可分为定量马达和变量马达；根据转速高低和转矩大小，又分为高速小转矩马达和低速大转矩马达等。

轴向柱塞马达的结构形式基本上与轴向柱塞泵一样，故其种类与轴向柱塞泵相同，也分为斜盘式轴向柱塞马达和斜轴式轴向柱塞马达两类。

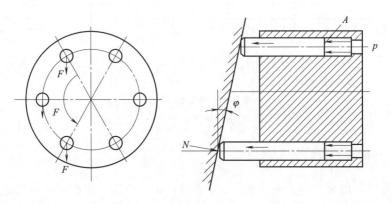

图 6-29 斜盘式轴向柱塞马达的工作原理

本系统采用的是斜盘式轴向柱塞马达。轴向柱塞马达的工作原理如图 6-29 所示，当压力油进入液压马达的高压腔后，工作柱塞受到油压作用力，通过滑靴压向斜盘，斜盘对滑靴的反作用力。N 分解为两个分力，一个分力是沿柱塞轴向的分力，另一个分力 F 与柱塞轴线垂直，这个力产生驱动马达旋转的力矩。

一般来说，轴向柱塞马达都是高速马达，输出转矩小，因此必须通过减速器来带动工作机构。本系统采用了轴向柱塞马达，并通过蜗轮蜗杆减速器驱动回转机构工作。

6.5.3 外控顺序阀

图 6-30 所示为直动式外控顺序阀的结构、工作原理和图形符号，它与内控顺序阀的区别在于阀芯上没有与进油口相通的孔，进油口油液不能进入阀芯下腔。控制阀芯运动的油液来自其下部的控制油口 K，阀口的启闭取决于通入 K 口的外部控制油压的大小，而与主油路进油口压力无关。

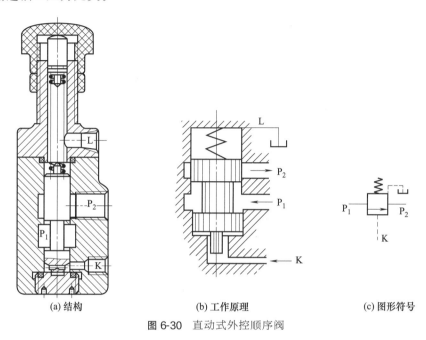

(a) 结构   (b) 工作原理   (c) 图形符号

图 6-30 直动式外控顺序阀

6.6 液压系统特点

① 上车与下车工作机构用二位三通手动换向阀控制，当支腿下放时上车所有机构均不能工作，当上车各机构工作时支腿将不动，这就保证了各机构工作安全可靠，不会发生互相干扰而出现意外事故。

② 因重物在下降时以及大臂收缩和变幅时，负载与液压力方向相同，执行元件会失控，为此，在其回油路上设置了平衡阀，但在一个方向有背压，会对系统造成一定的功率损耗。

③ 在锁紧回路中，采用由液控单向阀构成的双向液压锁将前、后支腿锁定在一定位置上，工作安全可靠，确保整个起吊过程中，每条支腿都不会出现"软腿"现象，即使出现发动机死火或液压管道破裂的情况，双向液压锁仍能正常工作，且有效时间长。

④ 采用三位四通手动换向阀，不仅可以灵活方便地控制换向动作，还可以通过手柄操纵来控制流量，以实现节流调速。在起升过程时，将此节流调速方法与控制发动机转速的方法结合使用，可以实现各工作部件微速动作。此方法虽方便灵活，但劳动强度较大。

⑤ 各换向阀串联组合，不仅各机构的动作可以独立进行，在轻载时，各串联的执行

元件可任意组合，使两个或几个执行元件同时运动，以提高工作效率。

⑥ 因工况作业的随机性较大且动作频繁，故大多采用手动弹簧复位的多路换向阀来控制各动作，换向阀常用 M 型中位机能。当换向阀处于中位时，各执行元件的进油路均被切断，液压泵出口通油箱使泵卸荷，减少了功率损失。但采用四个换向阀串联会使液压泵的卸荷压力加大，系统效率降低，但由于起重机不是频繁作业机械，这些损失对系统的影响不大。

⑦ 在调压回路中，用安全阀限制系统最高压力，防止系统过载，对起重机起吊超重起到安全保护作用。

⑧ 在制动回路中，采用由单向节流阀和单作用闸缸构成的制动器，利用调整好的弹簧力进行制动，制动可靠、动作快，由于要用液压缸压缩弹簧来解除制动，因此解除制动的动作慢，可防止负重起吊时的溜车现象发生，能够确保起吊安全，并且在汽车发动机死火或液压系统出现故障时，能够迅速实现制动，防止被起吊的重物下落。

第 **7** 章

电弧炼钢炉液压系统分析

7.1 电弧炼钢炉简介

电弧炼钢炉是利用电极电弧的高温来炼钢的电炉。电弧炼钢炉的结构形式很多，这里以 20t 电弧炼钢炉为例对其液压系统进行分析。

如图 7-1 所示，20t 电弧炼钢炉本身由炉体和炉盖构成，炉体前有炉门，后有出钢槽，以废钢为主要原料。装炉料时，必须将炉盖移走，炉料从炉身上方装入炉内，然后盖上炉盖，插入电极就可开始熔炼。在熔炼过程中，铁合金等原料从炉门加入。出渣时，将炉体向炉门方向倾斜约 12°，使炉渣从炉门溢出，流到炉体下的渣罐中。当炉内的钢水成分和温度合格后，就可打开出钢口，将炉体向出钢口方向倾斜约 45°，使钢水自出钢槽流入钢水包。为满足工艺要求，电弧炼钢炉的液压传动机构由电极升降装置、炉门升降机构、炉体旋转机构、炉盖顶起装置、炉盖旋转机构及倾炉装置六部分组成。

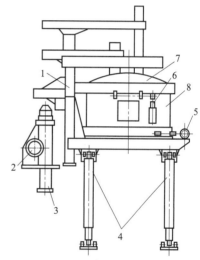

图 7-1 20t 电弧炼钢炉结构

1—电极升降装置；2—炉盖旋转机构；
3—炉盖顶起装置；4—倾炉装置；
5—炉体旋转机构；6—炉门升降机构；
7—炉盖；8—炉体

7.2 电弧炼钢炉液压系统的组成

7.2.1 了解系统

图 7-2 所示为电弧炼钢炉液压系统图。该系统属于多缸工作系统，两台液压泵 2，一台工作，另一台备用，并用蓄能器 6 辅助供油，主油路压力取决于电磁溢流阀 4。二位四

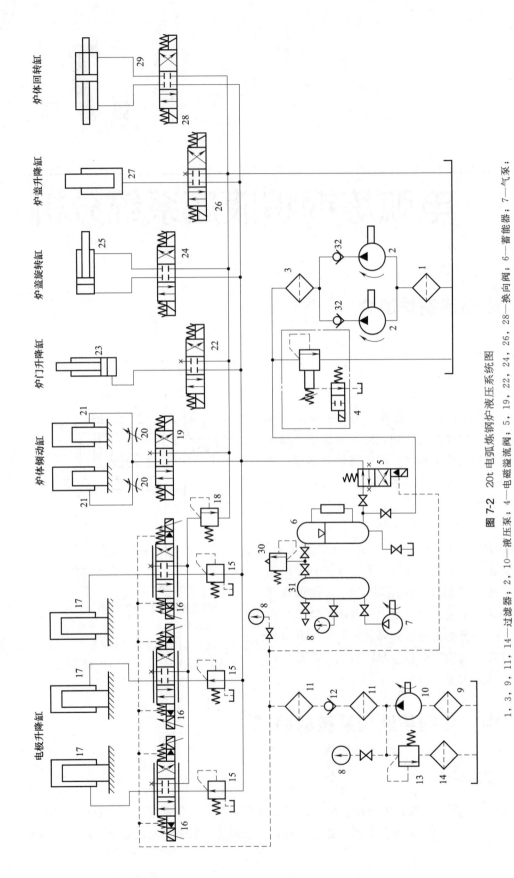

图 7-2　20t 电弧炼钢炉液压系统图

1、3、9、11、14—过滤器；2、10—液压泵；4—电磁溢流阀；5、19、22、24、26、28—换向阀；6—蓄能器；7—气泵；
8—压力表和压力表开关；12、32—单向阀；13、18—溢流阀；15—减压阀；16—电液伺服阀；17—电极升降缸；
20—节流阀；21—炉体倾动缸；23—炉门升降缸；25—炉盖旋转缸；27—炉盖升降缸；29—炉体回转缸；30—气动安全阀；31—储气罐

通电液换向阀 5（作二位二通用）为常开式，如果系统出现事故，例如高压软管破裂等，系统压力突然下降，则换向阀 5 立即关闭，防止工作介质大量流失。

7.2.2 组成元件及功能

浏览图 7-2 所示的液压系统，按照动力元件、执行元件、控制元件和辅助元件的顺序确定系统的组成元件，并初步确定各个元件的功能。

（1）动力元件

能量转换元件，把原动机的机械能转换为压力能。

2 台单向定量液压泵 2，为系统提供油源。

1 台单向定量液压泵 10，为控制油路提供压力油。

1 台气泵 7，为蓄能器提供辅助压力能。

（2）执行元件

能量转换元件，把液压系统的压力能转换为机械能，驱动各运动部件完成规定的动作。

2 个活塞缸。双杆活塞缸 29，驱动炉体回转；单杆活塞缸 25，驱动炉盖旋转。

6 个柱塞缸。3 个柱塞缸 17，驱动电极升降；2 个柱塞缸 21，驱动炉体倾动；柱塞缸 27 驱动炉盖升降。

1 个单作用活塞缸。单作用活塞缸 23 驱动炉门升降，只有一个油口，返程靠重力。

（3）控制元件

通过控制工作介质的压力、流量及流动方向，使执行元件完成规定的动作。

3 个溢流阀。系统中元件 4 由先导式溢流阀和二位二通换向阀组成，其中先导式溢流阀调定系统的工作压力，而换向阀切换可实现系统卸荷；溢流阀 13 调定控制油路的工作压力；溢流阀 18 起背压阀的作用。

3 个减压阀，接在电极升降缸的进油路上，把系统比较高的压力降下来，并保持恒定。

6 个换向阀。二位四通换向阀 5 相当于一个二通阀，属常开型，系统故障时断开；另外 5 个三位四通换向阀分别控制炉门升降、炉体回转、炉盖升降、炉盖旋转及炉体倾动的换向动作。

3 个电液伺服阀，通过闭环控制，精准地实现电极的升降。

3 个单向阀，分开油路，防止系统压力波动对液压泵造成冲击。

2 个节流阀，控制炉体倾动时的速度。

（4）辅助元件

6 个过滤器，过滤工作介质，去除污染物。

3 个压力表和压力表开关，监测系统压力。

1 个蓄能器。储存压力能作辅助动力源；防冲击，减少压力和流量脉动。

1 个气动安全阀，限制气动回路的最大压力。

1 个储气罐，储存压缩空气。

7.3 划分并分析子系统

按照各传动机构可将电弧炼钢炉液压系统分为六个子系统，分别实现电极升降、炉体倾动、炉体回转、炉门升降、炉盖升降及炉盖旋转功能。为更好地理解和分析液压系统图，分解以后绘制的子系统图保留了原系统图的编号。

7.3.1 电极升降子系统

电极升降子系统如图7-3和图7-4所示。3个电极升降缸17各自有相同的独立油路，分别由各自的电液伺服阀16进行控制。电极升降缸是柱塞式液压缸，属于单作用缸，只有一个油口，压力油驱动柱塞缸只能朝上运动，返程靠自重。本系统采用的是柱塞固定，缸筒移动的安装方式。

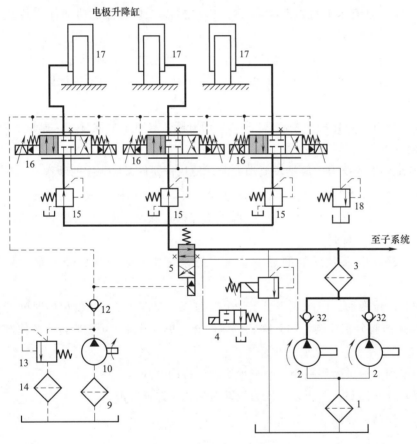

图7-3 电极升起

（数字编号见图7-2）

电极升降缸17从电极电流取出信号（感应电压）与给定值进行比较，其差值使电液伺服阀16动作。当电极电流大于给定值时，电液伺服阀使电极升降缸进油，电极升起；反之则排油，电极下降。当电极升降缸下降排油时，要求动作稳定，故在电极升降缸17

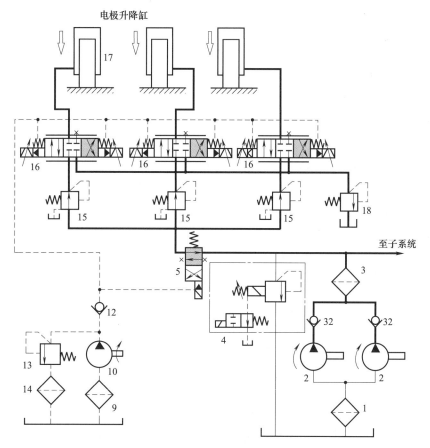

图 7-4 电极下降
（数字编号见图 7-2）

的回油路上设有背压阀（溢流阀）18，使回油具有一定的背压，使电极平稳下降。电液伺服阀 16 的控制回路所用的压力油由专门的控制液压泵 10 来提供。减压阀 15 用于调节和稳定电液伺服阀 16 的进口压力。

（1）电极升起

如图 7-3 所示，电磁溢流阀 4 电磁铁通电，电液换向阀 5 电磁铁断电，电液伺服阀 16 左位得电，柱塞缸 17 上移，电极升起。

> 油流路线：液压泵 2→单向阀 32→过滤器 3→电液换向阀 5 上位→减压阀 15→电液伺服阀 16 左位→柱塞缸 17。

（2）电极下降

如图 7-4 所示，电磁溢流阀 4 电磁铁通电，电液换向阀 5 电磁铁断电，电液伺服阀 16 右位得电，柱塞缸在重力作用下下移，电极下降。

进油路在电液伺服阀 16 右位被堵死，液压泵保压溢流，泵排出的压力油要保证其他子系统需要，多余压力油过电磁溢流阀 4 回油箱。

> 回油路：柱塞缸 17→电液伺服阀 16 右位→背压阀 18→油箱。

7.3.2 炉体倾动子系统

炉体倾动子系统用于控制炉体的倾斜与回正。需要出渣时，将炉体向炉门方向倾斜，可使炉渣从炉门溢出。炉体倾动由两个柱塞缸21驱动，要求同步动作。由于两个柱塞缸均固定在炉体上，炉体体积重量很大、刚性很好，所以两缸是机械刚性同步，两个节流阀20控制倾动速度，经简化后的油路结构如图7-5和图7-6所示。

（1）炉体倾斜

如图7-5所示，电磁溢流阀4电磁铁通电，电液换向阀5电磁铁断电，换向阀19左位得电，两柱塞缸同步上移，炉体倾斜。

油流路线：液压泵2→单向阀32→过滤器3→电液换向阀5上位→换向阀19左位→节流阀20→柱塞缸21。

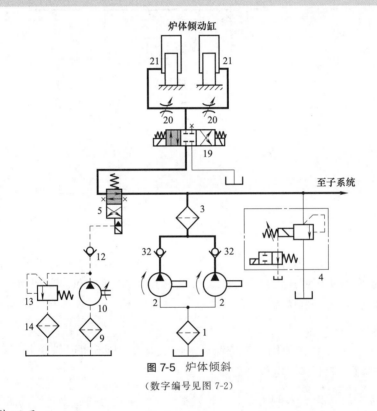

图7-5 炉体倾斜

（数字编号见图7-2）

（2）炉体回正

如图7-6所示，电磁溢流阀4电磁铁通电，电液换向阀5电磁铁断电，换向阀19右位得电，柱塞缸21在重力作用下回正。

进油路在换向阀19右位被堵死，液压泵保压溢流，压力油至并联子系统。

回油路：柱塞缸21→节流阀20→换向阀19右位→油箱。

7.3.3 炉体回转子系统

炉体回转子系统如图7-7和图7-8所示，由液压泵2、过滤器3、电液换向阀5、三位

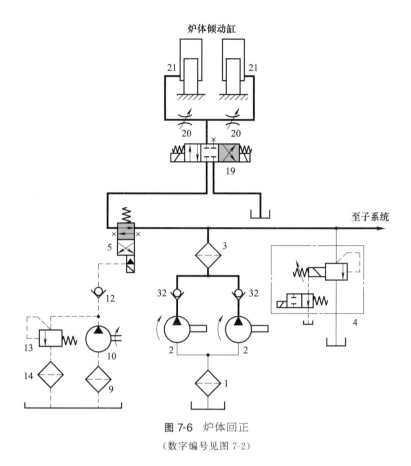

图 7-6 炉体回正

（数字编号见图 7-2）

四通电磁换向阀 28 和炉体回转缸 29 等构成。炉体回转由液压缸 29 驱动，通过换向阀 28 控制炉体正转与反转。

（1）炉体正转

如图 7-7 所示，电磁溢流阀 4 电磁铁通电，电液换向阀 5 电磁铁断电，换向阀 28 左位得电，炉体正转。

> 进油路：液压泵 2→单向阀 32→过滤器 3→电液换向阀 5 上位→换向阀 28 左位→炉体回转缸 29 左腔。
>
> 回油路：炉体回转缸 29 右腔→换向阀 28 左位→油箱。

（2）炉体反转

如图 7-8 所示，电磁溢流阀 4 电磁铁通电，电液换向阀 5 电磁铁断电，换向阀 28 右位得电，炉体反转。

> 进油路：液压泵 2→单向阀 32→过滤器 3→电液换向阀 5 上位→换向阀 28 右位→炉体回转缸 29 右腔。
>
> 回油路：炉体回转缸 29 左腔→换向阀 28 右位→油箱。

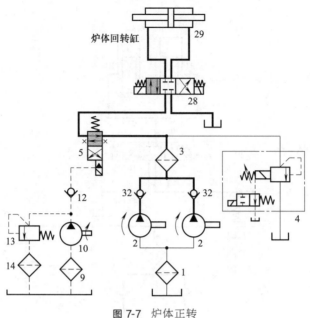

图 7-7　炉体正转

（数字编号见图 7-2）

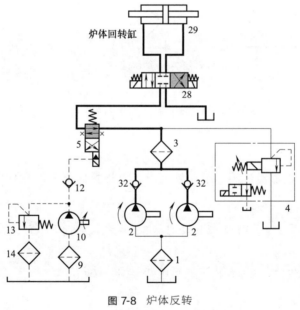

图 7-8　炉体反转

（数字编号见图 7-2）

7.3.4　炉门升降子系统

炉门升降子系统如图 7-9 和图 7-10 所示，由液压泵 2、过滤器 3、电液换向阀 5、三位四通电磁换向阀 22 和炉门升降缸 23 等构成。炉门升降缸 23 是单作用活塞缸，只有一个油口，炉门升由液压力驱动，炉门降靠炉门及其他运动部件的自重。炉门升降由换向阀 22 控制。

（1）炉门升

如图7-9所示，电磁溢流阀4电磁铁通电，电液换向阀5电磁铁断电，换向阀22左位得电，炉门升降缸23上移，炉门上升。

油流路线：液压泵2→单向阀32→过滤器3→电液换向阀5上位→换向阀22左位→炉门升降缸23。

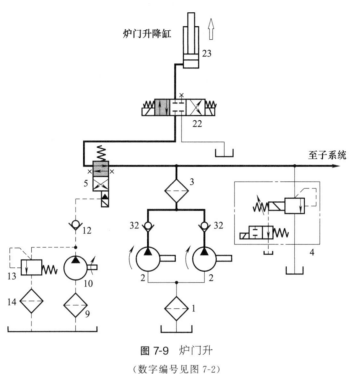

图 7-9　炉门升

（数字编号见图7-2）

（2）炉门降

如图7-10所示，电磁溢流阀4电磁铁通电，电液换向阀5电磁铁断电，换向阀22右位得电，炉门升降缸23在重力作用下下降。

进油路在换向阀22右位被堵死，液压泵保压溢流，压力油至并联子系统。

回油路：炉门升降缸23→换向阀22右位→油箱。

7.3.5　炉盖升降子系统

炉盖升降子系统如图7-11和图7-12所示，由液压泵2、过滤器3、电液换向阀5、三位四通电磁换向阀26和炉盖升降缸27等构成。炉盖升降缸27是柱塞缸，只有一个油口，炉盖升由液压力驱动，炉盖降靠炉盖及其他运动部件的自重。炉盖升降由换向阀26控制。

（1）炉盖升

如图7-11所示，电磁溢流阀4电磁铁通电，电液换向阀5电磁铁断电，换向阀26左位得电，炉盖升降缸27上移，炉盖上升。

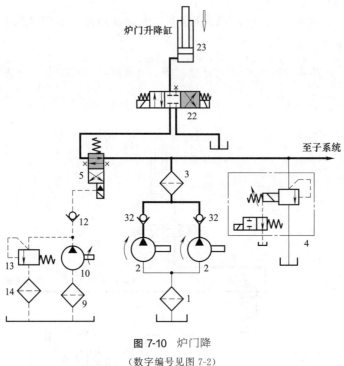

图 7-10 炉门降

（数字编号见图 7-2）

油流路线：液压泵 2→单向阀 32→过滤器 3→电液换向阀 5 上位→换向阀 26 左位→炉盖升降缸 27。

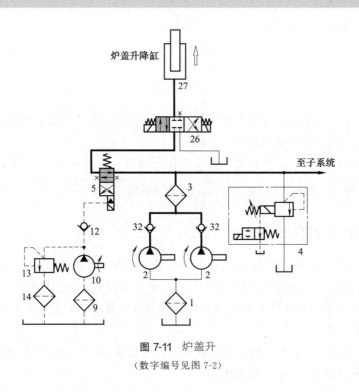

图 7-11 炉盖升

（数字编号见图 7-2）

（2）炉盖降

如图 7-12 所示，电磁溢流阀 4 电磁铁通电，电液换向阀 5 电磁铁断电，换向阀 26 右位得电，炉盖升降缸 27 在重力作用下下降。

进油路在换向阀 26 右位被堵死，液压泵保压溢流，压力油至并联子系统。

回油路：炉盖升降缸 27→换向阀 26 右位→油箱。

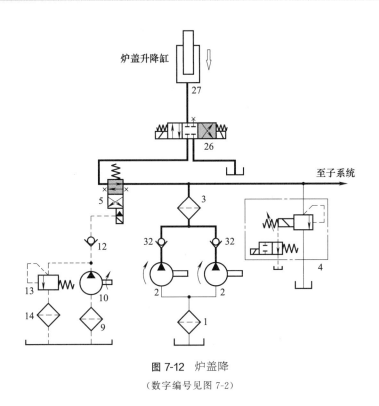

图 7-12 炉盖降

（数字编号见图 7-2）

7.3.6 炉盖旋转子系统

如图 7-13 和图 7-14 所示，炉盖旋转由炉盖旋转缸 25 驱动，通过换向阀 24 控制炉盖正转与反转。

（1）炉盖正转

如图 7-13 所示，电磁溢流阀 4 电磁铁通电，电液换向阀 5 电磁铁断电，换向阀 24 左位得电，炉盖正转。

进油路：液压泵 2→单向阀 32→过滤器 3→电液换向阀 5 上位→换向阀 24 左位→炉盖旋转缸 25 无杆腔。

回油路：炉盖旋转缸 25 有杆腔→换向阀 24 左位→油箱。

（2）炉盖反转

如图 7-14 所示，电磁溢流阀 4 电磁铁通电，电液换向阀 5 电磁铁断电，换向阀 24 右位得电，炉盖反转。

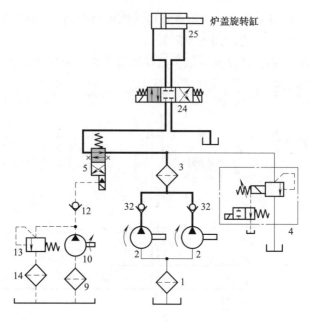

图 7-13　炉盖正转

（数字编号见图 7-2）

进油路：液压泵 2→单向阀 32→过滤器 3→电液换向阀 5 上位→换向阀 24 右位→炉盖旋转缸 25 有杆腔。

回油路：炉盖旋转缸 25 无杆腔→换向阀 24 右位→油箱。

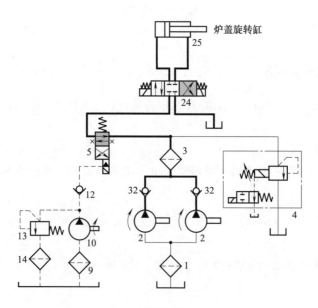

图 7-14　炉盖反转

（数字编号见图 7-2）

7.4 构成电弧炼钢炉液压系统的基本回路分析

7.4.1 换向回路

炉体倾动缸 21、炉门升降缸 23、炉盖旋转缸 25、炉盖升降缸 27 及炉体回转缸 29 均采用了三位四通 O 型中位机能的电磁换向阀的换向回路,如图 7-15 所示。根据需要通过换向阀分别控制各个液压缸的换向。

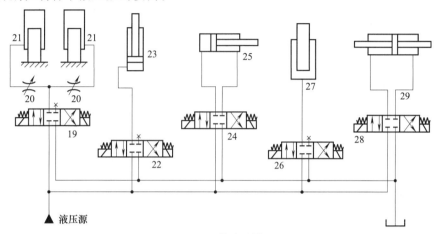

图 7-15 换向回路
(数字编号见图 7-2)

 知识扩展:选用换向阀时应考虑的问题

选择换向阀主要是满足执行元件的动作循环要求和性能要求,选用换向阀时应考虑如下问题。

① 根据系统的性能要求,选择滑阀的中位机能。

② 根据通过该阀的最大流量和最高压力来选取。最大的通过流量一般应在额定流量之内,不得超过额定流量的 120%,否则压力损失过大,并引起发热和噪声。若没有合适的,可用压力和流量大一些的,只是经济性差一些。

③ 除注意最高工作压力外,还要注意最小控制压力是否满足要求。

④ 选择控制元件的连接方式(管式、板式或法兰式),要根据流量、压力及元件安装机构的形式来确定。

⑤ 流量超过 63L/min 时,不能选用电磁滑阀,可选取其他控制形式的换向阀,如电液换向阀等。

7.4.2 同步回路

炉体倾动由两个结构尺寸完全相同的液压缸同步驱动,由于炉体刚性非常好,所以两缸的同步运动相当于机械连接的刚性同步,如图 7-16 所示。

7.4.3　减压回路

电极升降子系统需要稳定的低压驱动，所以在系统中设置了 3 个减压阀，能够把比较高的压力降下，来并保持恒定。图 7-17 所示为减压回路。

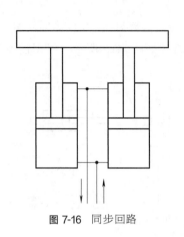

图 7-16　同步回路

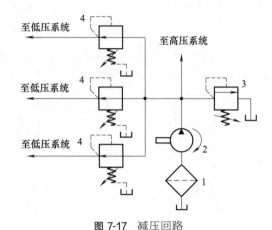

图 7-17　减压回路

1—过滤器；2—液压泵；3—溢流阀；4—减压阀

7.4.4　卸荷回路

图 7-18 所示为采用先导式溢流阀的卸荷回路，电磁溢流阀 4 是由先导式溢流阀和二位二通电磁换向阀组成的复合阀，当电磁阀断电（图示状态右位接入），先导式溢流阀的远控口通过电磁阀接通油箱，液压泵输出的油液以很低的压力经溢流阀主阀口回油箱，实现泵的卸荷。

7.4.5　伺服控制回路

伺服控制回路如图 7-19 所示。电极升降子系统采用伺服控制回路，可以实现精准的位置控制。伺服阀 16 的控制油路所用的压力油由控制油泵提供，减压阀 15 用于调节和稳定伺服阀的进口压

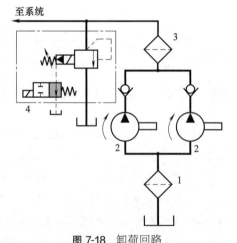

图 7-18　卸荷回路

1，3—过滤器；2—液压泵；4—电磁溢流阀

力，当电极升降缸下降排油时，要求动作稳定，故在电液伺服阀的回油上设有背压阀 18。

7.4.6　蓄能器辅助动力源回路

对于作间歇运动的液压系统，利用蓄能器在执行元件不工作时储存压力油，而当执行元件需快速运动时，由蓄能器与液压泵同时向液压缸供油，这样可以减小液压泵的容量和驱动功率，降低系统的温升。如图 7-20 所示，系统中不需要压力油时，液压泵 2 排出的压力油进入蓄能器 6，蓄能器吸收压力能。当系统工作时，蓄能器 2 释放压力能，与液压泵 2 同时向系统供油。回路中的气泵 7 向蓄能器上腔提供高压气体。

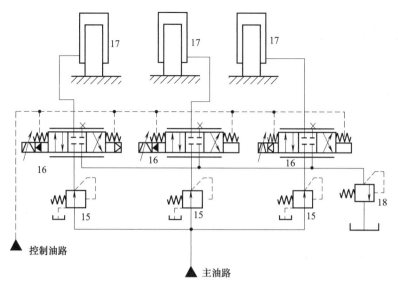

图 7-19 伺服控制回路

（数字编号见图 7-2）

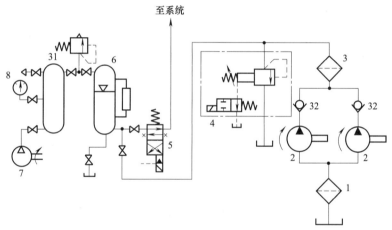

图 7-20 蓄能器辅助动力源回路

（数字编号见图 7-2）

 知识扩展：蓄能器的安装、使用注意事项

① 蓄能器应使用惰性气体（一般为氮气）。充气压力范围应在系统最低工作压力的 90% 和系统最高工作压力的 25% 之间。

② 蓄能器为压力容器，应垂直安装且油口向下。在搬运和拆装时应先排出充入的气体，以免发生意外事故。装在管路上的蓄能器要有牢固的支承架。

③ 液压泵与蓄能器之间应设置单向阀，防止停泵时蓄能器的压力油倒流；为便于调整、充气和维修，系统与蓄能器间应设置截止阀。

④ 为便于工作和检修，用于吸收压力脉动和液压冲击的蓄能器，应尽量安装在脉动源或冲击源附近，但要远离热源。

7.5 典型元件分析

7.5.1 柱塞缸

在本系统中有多个执行元件用到了柱塞缸，分别是电极升降缸、炉体倾动缸、和炉盖升降缸。

柱塞缸是一种单作用液压缸，它的回程需借自重或其他外力来实现。图 7-21 所示为柱塞缸工作原理，柱塞缸由缸筒 1、柱塞 2、导向套 3、密封圈 4 和压盖 5 等零件组成。

柱塞式液压缸的主要特点是柱塞的运动通过缸盖上的导向套来导向，因此柱塞与缸筒无配合要求，缸筒内孔不需精加工，工艺性好，成本低，所以它特别适用在行程较长的场合。为了能输出较大的推力，柱塞一般较粗重，为防止水平安装时柱塞因自重下垂造成的单边磨损，柱塞常制成空心的并设置支承架，故柱塞缸适宜垂直安装使用。

7.5.2 蓄能器

图 7-22 所示为活塞式蓄能器。这种蓄能器利用活塞将气体和油液隔开，属于隔离式蓄能器。其特点是气液隔离、油液不易氧化、结构简单、工作可靠、寿命长、安装和维护方便，但由于活塞惯性和摩擦阻力的影响，导致其反应不灵敏，容量较小，所以对缸筒加工和活塞密封性能要求较高。一般用来储能或供高、中压系统吸收脉动用。

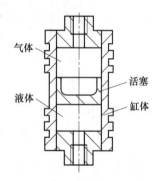

图 7-22 活塞式蓄能器

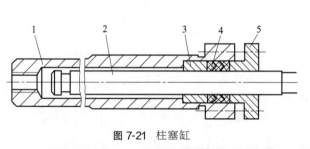

图 7-21 柱塞缸

1—缸筒；2—柱塞；3—导向套；4—密封圈；5—压盖

 知识扩展：蓄能器的功用与类型

　　蓄能器的功用主要是储存油液多余的压力能，并在需要时释放出来。蓄能器是液压系统中的重要辅件，对保证系统正常运行、改善其动态品质、保持工作稳定性、延长工作寿命、降低噪声等起着重要的作用。蓄能器给系统带来的经济、节能、安全、可靠、环保等效果非常明显。在现代大型液压系统特别是具有间歇性工况要求的系统中尤其值得推广使用。

　　蓄能器主要有重锤式、弹簧式和充气式等类型，但常用的是利用气体膨胀和压缩进行工作的充气式蓄能器，主要有气瓶式、活塞式和气囊式等几种。

7.5.3　过滤器

过滤器的作用是有效清除油液中的各种杂质，以免划伤、磨损、腐蚀有相对运动的零件表面，卡死或堵塞零件上的小孔及缝隙，从而提高液压元件的寿命，保证系统的正常工作。

在本系统中采用的烧结式过滤器如图 7-23 所示。烧结式过滤器的滤芯是由金属粉末烧结而成的，利用金属颗粒间的微小孔来过滤，滤芯的过滤精度取决于金属颗粒的大小，具有过滤精度高、耐高温和耐蚀性强等优点，但易堵塞、难清洗，常用作精过滤器。

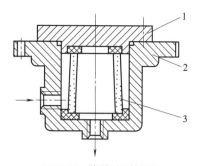

图 7-23　烧结式过滤器

1—端盖；2—壳体；3—滤芯

 知识扩展：过滤器的类型及安装位置

过滤器按滤芯材料和结构形式的不同，可分为网式、线隙式、纸芯式、烧结式和磁性过滤器等。

过滤器在液压系统中的安装位置通常有以下几种。

（1）安装在泵的吸油管路上

液压泵的吸油管路上一般都安装有表面型过滤器，如图 7-24 所示，目的是滤除较大的杂质颗粒以保护液压泵，此处过滤器的过滤能力应为泵流量的两倍以上，压力损失小于 0.02MPa。

（2）安装在泵的出油管路上

如图 7-25 所示，安装过滤器 3 的目的是用来滤除可能侵入阀类等元件的污染物。其过滤精度应为 $10 \sim 15 \mu m$，且能承受油路上的工作压力和冲击压力，压力降应小于 0.35MPa。同时应安装安全阀以防过滤器堵塞。

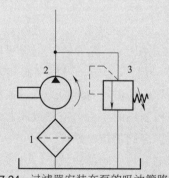

图 7-24　过滤器安装在泵的吸油管路上

1—过滤器；2—液压泵；3—溢流阀

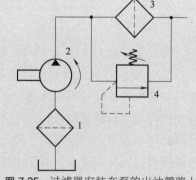

图 7-25　过滤器安装在泵的出油管路上

1，3—过滤器；2—液压泵；4—溢流阀（安全阀）

（3）安装在系统的回油管路上

如图 7-26 所示，这种安装方式起间接过滤作用。一般与过滤器并连安装一背压阀 2，当过滤器堵塞达到一定压力值时，背压阀打开。

（4）安装在系统的分支油路上

如图 7-27 所示，把过滤器安装在经常只通过泵流量 $20\%\sim30\%$ 流量的分支油路上，这种方式称为局部过滤，可起到间接保护系统的作用。

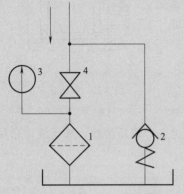

图 7-26 过滤器安装在系统的回油管路上

1—过滤器；2—单向阀（背压阀）；

3—压力表；4—截止阀

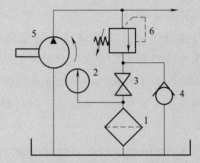

图 7-27 过滤器安装在系统的分支油路上

1—过滤器；2—压力表；3—截止阀；

4—单向阀；5—单向定量泵；6—溢流阀

（5）独立油液过滤回路

大型液压系统可专设一液压泵和过滤器组成独立油液过滤回路，如图 7-28 所示。

液压系统中除了整个系统所需的过滤器外，还常常在一些重要元件（如伺服阀、精密节流阀等）的前面单独安装一个专用的精过滤器来确保它们的正常工作。

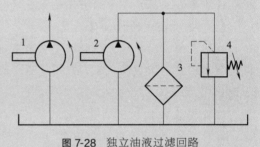

图 7-28 独立油液过滤回路

1，2—单向定量泵；3—过滤器；4—溢流阀

7.5.4 电液伺服阀

电液伺服阀通常由电-机械转换元件（力马达或力矩马达）、先导阀、主阀和检测反馈机构组成。电-机械转换元件用于将输入的电信号转换为力或力矩，经先导阀接收此力或力矩并将其转换为驱动主阀的液压力，再经主阀将先导阀的液压力转换为流量或压力的输出；设在阀内部的检测反馈机构用于将先导阀或主阀控制口的压力、流量或阀芯的位移反馈到先导阀的输入端，实现输入、输出的比较，从而提高阀的控制精度。

电液伺服阀的种类很多，其中喷嘴挡板式力反馈电液伺服阀使用较多，且多用于控制流量较大的系统中。图 7-29 所示为喷嘴挡板式力反馈电液伺服阀的工作原理。它主要由力矩马达、双喷嘴挡板先导阀和四凸肩的功率级滑阀三部分组成。弹簧管 11 支承衔铁 3 和挡板 5，其下端球头插入主阀芯 9 中间的槽内。左、右各一个喷嘴 6，两个喷嘴 6 及挡板 5 间形成可变液阻节流孔。当线圈 12 无电信号输入时，衔铁 3、挡板 5 和主阀芯 9 都处于中位。当线圈 12 通入电流后，在衔铁 3 两端产生磁力，使衔铁 3 克服弹簧管 11 的弹性反作用力而偏转一定的角度，并偏转到磁力所产生的力矩与弹性反作用力所产生的反力矩平衡时为止。同时，挡板 5 因随衔铁 3 偏转而发生挠曲，离开中位，造成它与两个喷嘴 6 间的间隙不等。通入伺服阀的压力油经过滤器 8、两个对称的固定节流孔 7 和左、右喷嘴 6 流出，通向回油。当喷嘴与挡板的两个间隙不等时，两喷嘴后侧的压力不相等，它们作用在主阀芯 9 左、右端面上，使主阀芯 9 向相应方向移动一小段距离，同时打开滑阀进油和回油节流边，使压力油经过滑阀一侧控制口流向执行元件，执行元件回油则经滑阀另一阀口通向油箱。弹簧管 11 下端球头随主阀芯 9 移动，对衔铁组件施加一反力矩。弹簧管将主阀芯的位移转换为力并反馈到力矩马达，结果

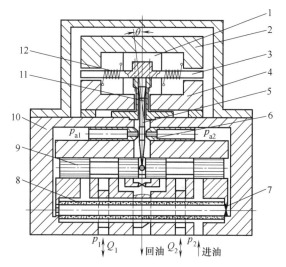

图 7-29　喷嘴挡板式力反馈电液伺服阀的工作原理

1—永久磁铁；2—上导磁铁；3—衔铁；
4—下导磁铁；5—挡板；6—喷嘴；
7—固定节流孔；8—过滤器；9—主阀芯；
10—阀体；11—弹簧管；12—线圈

是使主阀芯两端的压力差减小。当主阀芯的液压作用力与挡板下端球头因位移而产生的反作用力达到平衡时，主阀芯就不再移动，并一直使其阀口保持在这一开度上，此时通过滑阀的流量基本保持不变。当改变输入线圈中的电流时，伺服阀的流量也与之成正比地发生改变。

电液伺服阀具有动态响应快、控制精度高、使用寿命长等优点，已广泛应用于航空、航天、舰船、冶金、化工等领域的电液伺服控制系统中。

7.5.5　减压阀

减压阀是使出口压力（二次压力）低于进口压力（一次压力）的一种压力控制阀。其作用是降低液压系统中某一支路的油液压力，使用一个油源能同时提供两个或几个不同压力的输出。根据减压阀所控制的压力不同，它可分为定值减压阀、定差减压阀和定比减压阀，其中定值减压阀应用最多。根据结构形式不同，减压阀也有直动式减压阀和先导式减压阀两类。

图 7-30 所示为直动式减压阀的结构原理。阀上开有三个油口，P_1 为一次压力油口，P_2 为二次压力油口，L 为外泄油口，来自高压油路的一次压力油从 P_1 口经过滑阀阀芯的下端圆柱台肩与阀体间形成常开阀口，然后从二次油口 P_2 流向低压支路，同时通过流道反馈至阀芯底部面积上产生一个向上的液压作用力，该力与调压弹簧的预压力相比较。当二次压力

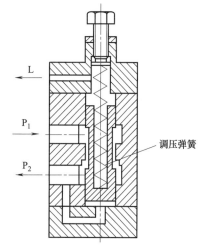

图 7-30　直动式减压阀的结构原理

未达到阀的设定值时，阀芯处于最下端，阀口全开；当二次压力达到阀的设定值时，阀芯上移，开度减小实现减压，以维持二次压力恒定，不随一次压力的变化而变化。不同的二次压力可通过调节螺钉改变调压弹簧的预压缩量来设定。由于二次油口不接回油箱，所以泄油口 L 必须单独接回油箱。

直动式减压阀结构简单，只用于低压系统或用于产生低压控制油液，其性能不如先导式减压阀。直动式减压阀多用在减压稳压的场合，在各种液压设备的夹紧系统、润滑系统和控制系统中应用较多。

7.6 液压系统特点

① 主系统采用乳化液作为工作介质，不易发生火灾，适用于炼钢炉的高温环境；控制油路所用工作介质为矿物油。

② 两台液压泵 2，一台工作，另一台备用，并用蓄能器 6 来辅助供油，主油路压力取决于电磁溢流阀 4。二位四通电液换向阀 5（作二位二通用）为常开式，防软管破裂。

③ 六个子系统的连接方式为并联，每一个子系统都可以独立操作，并且可以根据工艺流程选择不同的动作顺序。

④ 换向回路中采用三位四通 O 型中位机能的换向阀，具有系统保压、液压缸封闭的功能。

⑤ 两个炉体倾动缸 21 要求同步运动，由于炉体倾动缸均固定在炉体上，炉体重量很大，实际上是液压缸并联的机械连接刚性同步运动回路。

⑥ 三个电极升降缸均使用电液伺服阀控制，电极升降子系统采用了位置伺服控制与减压回路。当电极升降缸下降排油时，要求动作稳定，故在电液伺服阀的回油路上设置了背压阀 18。伺服阀的控制回路所用的压力油由专门的控制液压泵 10 来提供，控制油压由溢流阀 13 调定。减压阀 15 用于调节和稳定伺服阀的进口压力。

⑦ 系统设置了卸荷回路，能量利用合理。

第 **8** 章

塑料注射成型机液压系统分析

8.1 塑料注射成型和简介

塑料注射成型机简称注塑机，主要用于热塑性塑料制品的成型加工。它将料筒内颗粒状的塑料加热熔化至流动状态，用注射装置快速、高压注入闭合模具的模腔，保压一定时间，经冷却凝固成型为塑料制品。注塑机一般由合模部件、注射部件、液压系统和电气控制部分等组成，其结构如图 8-1 所示。

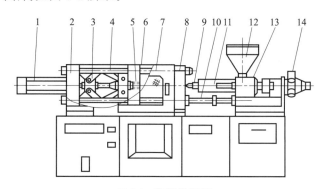

图 8-1 注塑机结构

1—合模缸；2—后固定模板；3—连杆扩力机构；4—拉杆；5—顶出缸；6—动模板；

7—安全门；8—前固定模板；9—注射螺杆；10—注射座移动缸；11—料筒；

12—料斗；13—注射缸；14—液压马达

塑料注射成型工艺是按预定顺序做周期性动作的过程，成型周期短，需要很大的注射力和合模力，注射和合模速度可在大范围内调节。注塑机采用液压传动，并在电气控制的配合下，完成合模、注射、保压、预塑和开模等系列动作。

根据注射成型工艺的需要，注塑机液压系统应满足以下要求。

① 足够的合模力和可调节的开、合模速度。在注射过程中，常以 4~15MPa 的注射力将塑料熔体射入模腔，为防止塑料制品产生溢边或脱模困难等现象发生，要求具有足够的合模力。空程时要求快速以缩短空程时间，合模时要求慢速以免机器产生冲击振动。

② 注射座可整体前进与后退。注射座整体由液压缸驱动，除保证在注射时具有足够的推力，使喷嘴与模具浇口紧密接触外，还应按固定加料、前加料和后加料三种不同的预塑形式调节移动速度。

③ 注射力和速度可调节。为适应原料、制品几何形状和模具浇口布局的不同及满足制品质量要求，注射力和速度应能相应变化和调节。

④ 可保压冷却。当熔体注入模腔后，要保压和冷却。在冷却凝固时因有收缩，模腔内需要补充熔体，否则会因充料不足而出现残品。因此，要求液压系统保压，并根据制品要求，可调节保压的压力。

⑤ 预塑过程可调节。在模腔熔体冷却凝固阶段，使料斗内的塑料颗粒通过料筒内螺杆的回转卷入料筒，连续向喷嘴方向推移，同时将其加热塑化、搅拌和挤压成熔体。在注射成型加工中，通常将料筒每小时塑化的质量（称塑化能力）作为生产能力的指标。当料筒的结构尺寸决定后，随塑料的熔点、流动性和制品的不同，要求螺杆转速可以改变，即预塑过程的塑化能力可以调节。

⑥ 平稳的制品顶出速度。制品在冷却成型后被顶出。在脱模顶出时，为了防止制品受损，运动要平稳，并能按不同的制品形状对顶出缸的速度进行调节。

8.2 注塑机液压系统的组成

8.2.1 了解系统

SZ-250A 型注塑机属中小型注塑机，每次最大注射容量为 $250cm^3$。图 8-2 所示为其液压系统图。各执行元件的动作循环主要依靠行程开关切换电磁换向阀来实现。

注塑机的工作循环如下。

① 合模：动模板快速前移，接近定模板时，液压系统转为低压、慢速控制，在确认模具内没有异物存在时，系统转为高压，使模具闭合。

② 注射座前移：喷嘴和模具贴紧。

③ 注射：注射螺杆以一定的压力和速度将料筒前端的熔料注入模腔。

④ 保压：注射缸对模腔内熔料进行补塑。

⑤ 制品冷却及预塑：保压完毕，液压马达驱动螺杆后退，料斗中加入的物料被卷入进行预塑；螺杆后退到预定位置，停止转动，准备下一次注射；在模腔内的制品冷却成型。

⑥ 防流涎：采用直通开敞式喷嘴时，预塑加料结束，使螺杆后退一小段距离，减小料筒前端的压力，防止喷嘴端部物料的流出。

⑦ 注射座后退：开模，顶出制品。

⑧ 顶出缸后退。

以上动作分别利用合模缸、注射缸、预塑液压马达和顶出缸完成，另外注射座通过注射座移动缸可前后移动。

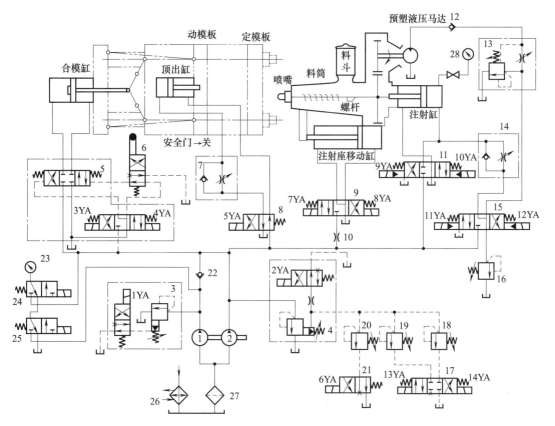

图 8-2　SZ-250A 型注塑机液压系统图

1，2—单向定量液压泵；3，4—电磁溢流阀；5，11，15—三位四通电液换向阀；6—二位四通机动换向阀（行程阀）；7，14—单向节流阀；8，21—二位四通电磁换向阀；9，17—三位四通电磁换向阀；10—节流器；12，22—单向阀；13—旁通型调速阀；16—背压阀；18，19，20—溢流阀（远程调压阀）；23，28—压力表；24，25—换向阀；26—冷却器；27—过滤器

8.2.2　组成元件及功能

浏览图 8-2 所示的液压系统，按照动力元件、执行元件、控制元件和辅助元件的顺序确定系统的组成元件，并初步确定各个元件的功能。

（1）动力元件

能量转换元件，把原动机的机械能转换为压力能。

2 台单向定量泵。双联液压泵 1、2，为系统提供油源。

（2）执行元件

能量转换元件，把液压系统的压力能转换为机械能，驱动各运动部件完成规定的动作。

4 个单杆活塞缸。合模缸通过连杆机构驱动动模板完成合模与开模动作；顶出缸顶出制品；注射座缸驱动注射座前后移动，使喷嘴与模具接触与分开；注射缸驱动螺杆完成注射。

1 个液压马达。预塑液压马达回转，带动齿轮传动机构驱动螺杆转动，进行预塑。

（3）控制元件

通过控制油液的压力、流量及流动方向，使执行元件完成规定的动作。

2个电磁溢流阀。电磁溢流阀3和4调定液压泵1和2的工作压力。

4个溢流阀。溢流阀18、19、20接在电磁溢流阀（先导式溢流阀＋电磁阀组成的复合阀）2的远程控制口上，可实现远程调压和多级调压；溢流阀16为背压阀。

10个换向阀。换向阀5控制合模缸换向；换向阀6起安全保护作用；换向阀8、9、11分别控制顶出缸、注射座移动缸和注射缸的换向；换向阀15控制注射缸和液压马达的换向；换向阀17、21控制远程调压阀的通断；换向阀24、25实现高低压切换。

2个单向阀。单向阀12和22，分开油路，防止油液倒流。

2个单向节流阀。分别控制顶出缸和注射缸的运动速度。

1个节流器。控制注射座移动的速度。

1个旁通型调速阀。控制预塑液压马达的转速。

（4）辅助元件

1个冷却器。接在总回油管上，给热油降温。

1个过滤器。过滤油液，去除污物。

1个油箱。储存油液，同时还有排污和散热的功能。

2个压力表。读取系统压力。

8.3 划分并分析子系统

按照执行元件的个数将系统分解成子系统，则液压系统图的分析更加容易。按照各传动机构可将图8-2所示的系统分为五个子系统，分别实现合模与开模、注射座移动、注射、预塑及顶出等功能。

8.3.1 合模缸子系统

合模缸子系统由双联泵1、2，电磁溢流阀3、4，电液换向阀5，行程阀6和合模缸等组成。经必要的简化后重新绘制合模缸子系统图，如图8-3所示。

根据注射工艺要求，合模缸子系统要实现慢速合模、快速合模、低压合模、高压合模以及慢速开模、快速开模等规定动作。

（1）慢速合模

安全门关闭，行程阀6弹簧复位，电液换向阀5才能换向，进而使合模缸动作。

如图8-4所示，1YA断电，2YA、3YA通电，行程阀6下位接入。电磁溢流阀3远程控制口通油箱，液压泵1卸荷，液压泵2单独向系统供油。由于动模板空载移动，电磁溢流阀4起安全阀作用。三位四通电液换向阀5的电磁导阀左位接入，虚线所示的控制油路压力油经导阀左位、行程阀下位，驱动主液动阀右位接入。此时主油路油流路线如下。

进油路：液压泵2→换向阀5右位→合模缸左腔。

回油路：合模缸右腔→换向阀5右位→冷却器26→油箱。

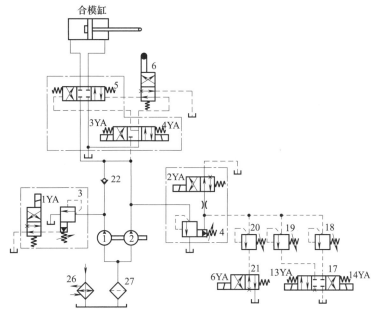

图 8-3 合模缸子系统

（数字编号见图 8-2）

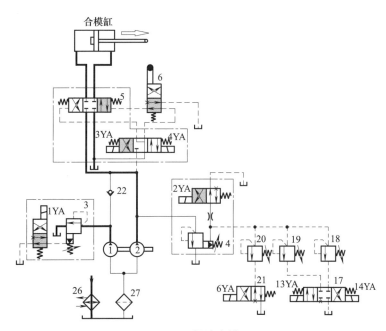

图 8-4 慢速合模

（数字编号见图 8-2）

（2）快速合模

如图 8-5 所示，1YA、2YA、3YA 通电，行程阀 6 下位接入。双泵同时向系统供油，电磁溢流阀 3、4 都起安全阀作用。控制油路油流情况同慢速合模，三位四通电液换向阀 5 右位接入。此时主油路油流路线如下。

进油路：液压泵 1→单向阀 22→换向阀 5 右位→合模缸左腔；液压泵 2→换向阀 5 右位→合模缸左腔。

回油路：合模缸右腔→换向阀 5 右位→冷却器 26→油箱。

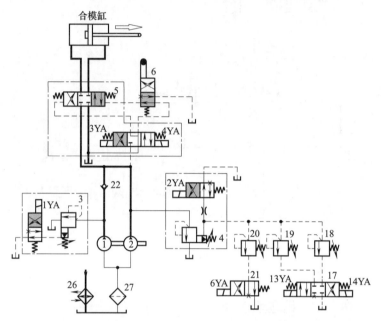

图 8-5 快速合模

(数字编号见图 8-2)

（3）低压合模

如图 8-6 所示，1YA 断电，2YA、3YA、13YA 通电，行程阀 6 下位接入。电磁溢流阀 3 使液压泵 1 卸荷，液压泵 2 单独向系统供油。换向阀 17 左位接入，远程调压阀 18 以较低的压力定压溢流。因阀 18 所调压力较低，合模缸推力较小，故即使两个模板间有硬质异物，也不致损坏模具表面。三位四通电液换向阀 5 右位接入，其控制油路油流情况同慢速合模。此时主油路油流路线如下。

进油路：液压泵 2→换向阀 5 右位→合模缸左腔。

回油路：合模缸右腔→换向阀 5 右位→冷却器 26→油箱。

（4）高压合模

如图 8-7 所示，1YA 断电，2YA、3YA 通电，行程阀 6 下位接入。电磁溢流阀 3 使液压泵 1 卸荷，液压泵 2 单独向系统供油，系统的工作压力由电磁溢流阀 4（开启压力最高）调定，三位四通电液换向阀 5 右位接入。主油路油流路线同低压合模。

（5）慢速开模

如图 8-8 所示，1YA 断电，2YA、4YA 通电，行程阀 6 下位接入。液压泵 1 卸荷，液压泵 2 单独向系统供油，电磁溢流阀 4 起安全阀作用，三位四通电液换向阀 5 左位接入。主油路油流路线如下。

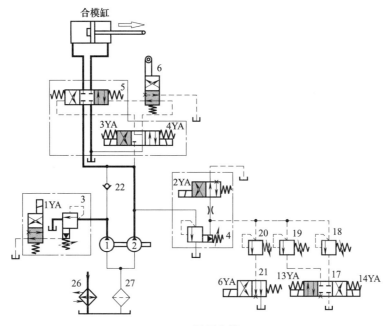

图 8-6　低压合模

（数字编号见图 8-2）

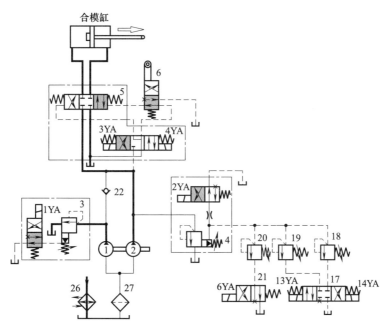

图 8-7　高压合模

（数字编号见图 8-2）

进油路：液压泵 2→换向阀 5 左位→合模缸右腔。

回油路：合模缸左腔→换向阀 5 左位→冷却器 26→油箱。

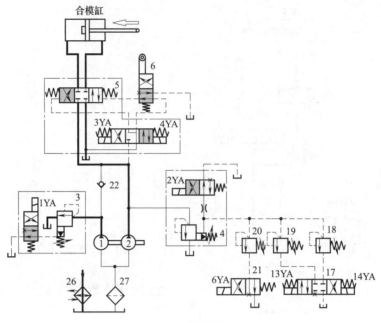

图 8-8　慢速开模

（数字编号见图 8-2）

（6）快速开模

如图 8-9 所示，1YA、2YA、4YA 通电，行程阀 6 下位接入。液压泵 1、2 同时向系统供油，电磁溢流阀 3、4 起安全阀作用，三位四通电液换向阀 5 左位接入。此时主油路油流路线如下。

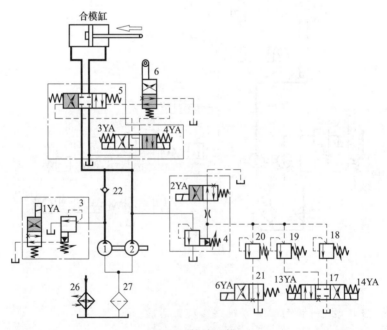

图 8-9　快速开模

（数字编号见图 8-2）

8.3.2 顶出缸子系统

经必要的简化后重新绘制顶出缸子系统图，如图 8-10 所示。顶出缸子系统由双联泵
1、2，电磁溢流阀 3、4，二位四通电磁换向阀 8，单向节流阀 7 和顶出缸等组成。该子系
统由定量泵供油，溢流阀定压，单向节流阀调定顶出制品时的速度，并由电磁换向阀 8 换
向完成顶出与退回的转换，单向阀 22 分开油路。

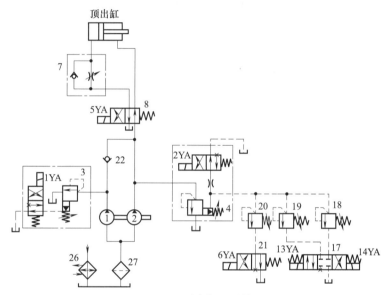

图 8-10 顶出缸子系统

（数字编号见图 8-2）

顶出缸可实现向右顶出制品，向左退回复位的动作。

（1）顶出制品

如图 8-11 所示，1YA 断电，2YA、5YA 通电。液压泵 1 卸荷，液压泵 2 单独向系统
供油，电磁溢流阀 4 定压溢流，二位四通电磁换向阀 8 左位接入，单向节流阀 7 调速，系
统的调速方式为进油节流调速回路。此时主油路油流路线如下。

（2）退回复位

如图 8-12 所示，1YA 断电，2YA 通电。液压泵 1 卸荷，液压泵 2 单独向系统供油，
电磁溢流阀 4 定压溢流，二位四通电磁换向阀 8 右位接入。此时主油路油流路线如下。

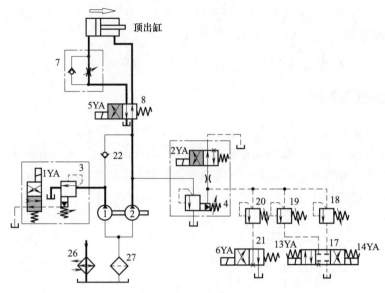

图 8-11　向右顶出

（数字编号见图 8-2）

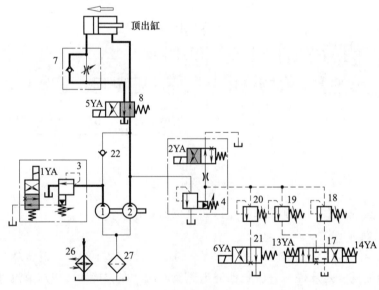

图 8-12　退回复位

（数字编号见图 8-2）

8.3.3　注射座移动子系统

注射座移动子系统图如图 8-13 所示。该子系统由双联泵 1、2，电磁溢流阀 3、4，三位四通电磁换向阀 9，节流器 10 和注射座移动缸等组成。系统由定量泵供油，溢流阀定压，节流器 10 控制注射座移动的速度，并由电磁换向阀 9 换向完成前移与后退的转换，单向阀 22 分开油路。

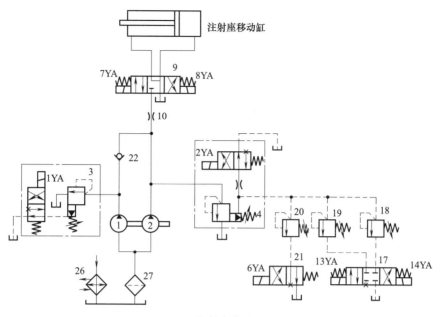

图 8-13 注射座移动子系统

（数字编号见图 8-2）

（1）注射座前移

如图 8-14 所示，1YA 断电，2YA、8YA 通电。液压泵 1 卸荷，液压泵 2 单独向系统供油，电磁溢流阀 4 定压溢流，三位四通电磁换向阀 9 右位接入，注射座移动缸向左运动，使注射座前移。此时主油路油流路线如下。

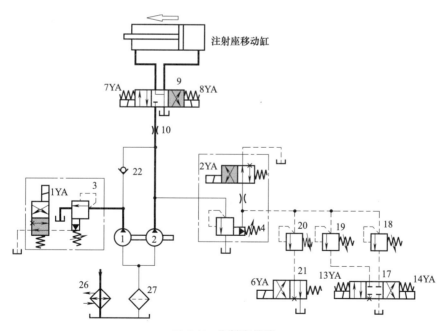

图 8-14 注射座前移

（数字编号见图 8-2）

> 进油路：液压泵 2→节流器 10→换向阀 9 右位→注射座移动缸右腔。
>
> 回油路：注射座移动缸左腔→换向阀 9 右位→冷却器 26→油箱。

（2）注射座后退

如图 8-15 所示，1YA 断电，2YA、7YA 通电。液压泵 1 卸荷，液压泵 2 单独向系统供油，电磁溢流阀 4 定压溢流，三位四通电磁换向阀 9 左位接入，注射座移动缸向右运动，使注射座后退。此时主油路油流路线如下。

> 进油路：液压泵 2→节流器 10→换向阀 9 左位→注射座移动缸左腔。
>
> 回油路：注射座移动缸右腔→换向阀 9 左位→冷却器 26→油箱。

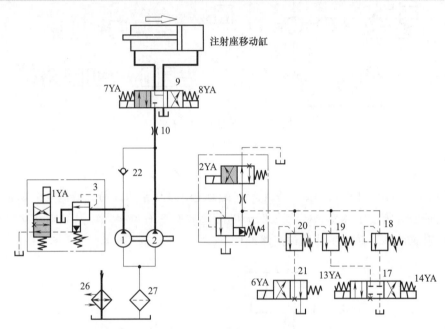

图 8-15　注射座后退

（数字编号见图 8-2）

8.3.4　注射缸子系统

经必要的简化后重新绘制注射缸子系统图，如图 8-16 所示。该系统由双联泵 1、2，电磁溢流阀 3、4，三位四通电液换向阀 11、15，单向节流阀 14，背压阀 16 和注射缸等组成。系统由定量泵供油，溢流阀定压（或限压），单向节流阀 14 调节注射的速度，并通过电液换向阀 11、15 不同接入位置的切换完成慢速注射、快速注射、保压、后退等动作。

（1）慢速注射

如图 8-17 所示，1YA 断电，2YA、6YA 、11YA 通电。液压泵 1 卸荷，液压泵 2 单独向系统供油，远程调压阀 20 调定系统压力，换向阀 11 中位接入，换向阀 15 左位接入，单向节流阀 14 控制注射的速度，注射缸向左慢速运动。此时主油路油流路线如下。

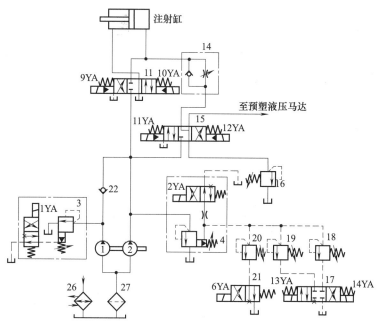

图 8-16　注射缸子系统

（数字编号见图 8-2）

进油路：液压泵 2→换向阀 15 左位→单向节流阀 14（过节流阀）→注射缸右腔。

回油路：注射缸左腔→换向阀 11 中位→冷却器 26→油箱。

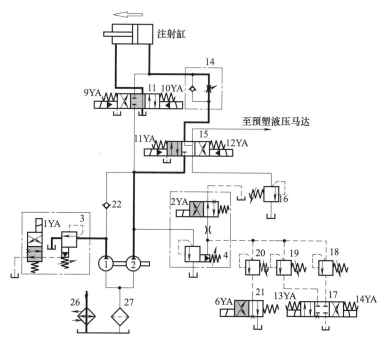

图 8-17　慢速注射

（数字编号见图 8-2）

（2）快速注射

如图 8-18 所示，1YA、2YA、6YA、10YA、11YA 通电。液压泵 1、2 同时向系统供油，换向阀 11 右位接入，注射缸向左快速运动，远程调压阀 20 起安全阀作用。此时主油路油流路线如下。

进油路：液压泵 1→单向阀 22→换向阀 11 右位→注射缸右腔；液压泵 2→换向阀 11 右位→注射缸右腔。

回油路：注射缸左腔→换向阀 11 右位→冷却器 26→油箱。

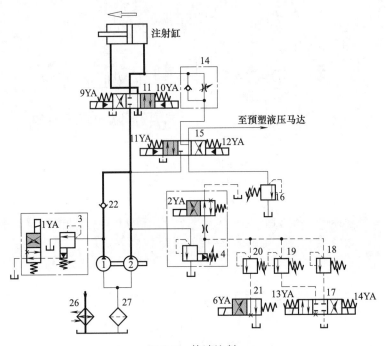

图 8-18　快速注射

（数字编号见图 8-2）

（3）保压

如图 8-19 所示，1YA 断电，2YA、11YA、14YA 通电。液压泵 1 卸荷，液压泵 2 单独向系统供油，远程调压阀 19 调定系统压力，换向阀 11 中位接入，换向阀 15 左位接入，注射缸对模腔内的熔料实行保压并补塑。此时，进入液压缸的油液非常少，其余压力油经溢流阀 4 回油箱。主油路油流路线如下。

进油路：液压泵 2→换向阀 15 左位→单向节流阀 14（过节流阀）→注射缸右腔。

回油路：注射缸左腔→换向阀 11 中位→冷却器 26→油箱。

（4）后退

如图 8-20 所示，1YA 断电，2YA、9YA 通电。液压泵 1 卸荷，液压泵 2 单独向系统供油，电磁溢流阀 4 调定系统压力，换向阀 11 左位接入，注射缸后退。主油路油流路线如下。

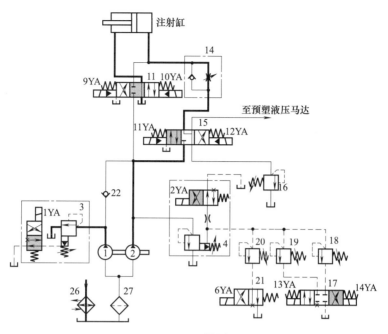

图 8-19 保压

（数字编号见图 8-2）

进油路：液压泵 2→换向阀 11 左位→注射缸左腔。

回油路：注射缸右腔→换向阀 11 左位→冷却器 26→油箱。

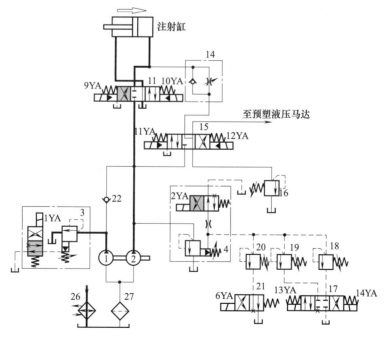

图 8-20 后退

（数字编号见图 8-2）

8.3.5 预塑液压马达子系统

如图 8-21 所示，预塑液压马达子系统由双联泵 1、2，电磁溢流阀 3、4，三位四通电液换向阀 15，旁通型调速阀 13、单向阀 12 和预塑液压马达等组成。该子系统由双泵供油，溢流阀定压，旁通型调速阀 13 控制马达的转速，单向阀 12、22 分开油路防止油液倒流。

预塑时，1YA、2YA、12YA 通电。液压泵 1、2 同时向系统供油，电磁溢流阀 3、4 定压溢流，三位四通电液换向阀 15 右位接入。油流路线如下。

> 进油路：液压泵 1→单向阀 22→换向阀 15 右位→调速阀 13→单向阀 12→预塑液压马达；液压泵 2→换向阀 15 右位→调速阀 13→单向阀 12→预塑液压马达。
>
> 回油路：预塑液压马达→冷却器 26→油箱。

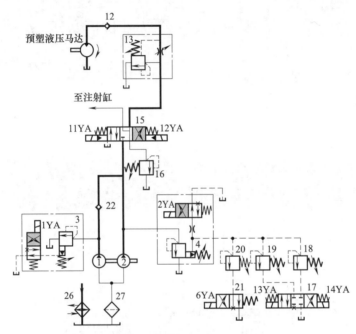

图 8-21 预塑液压马达子系统

(数字编号见图 8-2)

8.4 注塑机液压系统完整动作循环分析

（1）关安全门

为保证操作安全，注塑机都装有安全门。关安全门，行程阀 6 恢复常位，合模缸才能动作，系统开始整个动作循环。

（2）合模

动模板慢速启动、快速前移，当接近定模板时，液压系统转为低压、慢速控制。确认模具内没有异物存在后，系统转为高压，使模具闭合。这里采用了液压-机械式合模机构，合模缸通过对称五连杆机构推动模板进行开模和合模，连杆机构具有增力和自锁作用。

① 慢速合模：1YA 断电，2YA、3YA 通电，大流量泵 1 通过电磁溢流阀 3 卸荷，小流量泵 2 的压力由 4 调定，泵 2 的压力油经电液动换向阀 5 右位进入合模缸左腔，推动活塞以带动连杆慢速合模，合模缸右腔油液经阀 5 和冷却器 26 回油箱。

② 快速合模：1YA、2YA、3YA 通电，慢速合模转快速合模时，由行程开关发令使 1YA 得电，泵 1 不再卸荷，其压力油经单向阀 22 与泵 2 的供油汇合，同时向合模缸供油，实现快速合模，最高压力由阀 4 限定。

③ 低压合模：1YA 断电，2YA、3YA、13YA 通电，泵 1 卸载，泵 2 的压力由远程调压阀 18 控制，因阀 18 所调压力较低，合模缸推力较小，故即使两个模板间有硬质异物，也不致损坏模具表面。

④ 高压合模：1YA 断电，2YA、3YA 通电，泵 1 卸载，泵 2 供油，系统压力由高压溢流阀 4 控制，高压合模，并使连杆产生弹性变形，牢固地锁紧模具。

（3）注射座前移

在注塑机上安装、调试好模具后，注射喷枪要顶住模具注射口，故注射座要前移。2YA、8YA 通电，泵 2 的压力油经电磁换向阀 9 右位进入注射座移动缸右腔，注射座前移使喷嘴与模具接触，注射座移动缸左腔油液经阀 9 回油箱。

（4）注射

注射是指注射螺杆以一定的压力和速度将料筒前端的熔料经喷嘴注入模腔，分慢速注射和快速注射两种情况。

① 慢速注射：如图 8-22 所示，1YA 断电，2YA、6YA、8YA、11YA 通电，泵 1 卸

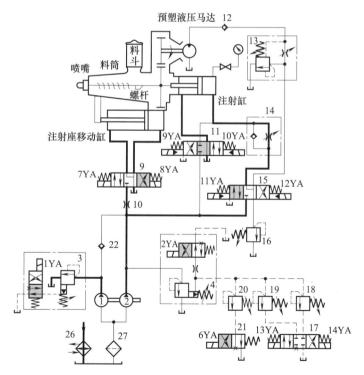

图 8-22　慢速注射时的油路结构及油流路线

（数字编号见图 8-2）

荷，泵 2 的压力油经电液换向阀 15 左位和单向节流阀 14 的节流阀进入注射缸右腔，左腔油液经电液换向阀 11 中位回油箱，注射缸活塞带动注射螺杆慢速注射，注射速度由单向节流阀 14 调节，远程调压阀 20 起定压作用。

② 快速注射：如图 8-23 所示，1YA、2YA、6YA、8YA、10YA、11YA 通电，泵 1 和泵 2 的压力油经电液换向阀 11 右位进入注射缸右腔，左腔油液经阀 11 右位回油箱，由于双泵同时供油，且不经过单向节流阀 14，因此注射速度加快了，此时远程调压阀 20 起安全作用。

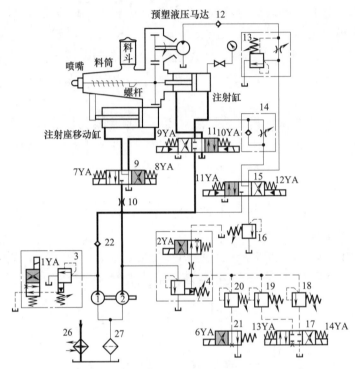

图 8-23　快速注射时的油路结构及油流路线

（数字编号见图 8-2）

（5）保压

注射缸对模腔内的熔料进行保压并补塑，只需少量油液。如图 8-24 所示，1YA 断电，2YA、8YA、11YA、14YA 通电，泵 1 卸载，泵 2 单独供油，多余的油液经溢流阀 4 回油箱，保压压力由远程调压阀 19 调节。

（6）预塑

保压完毕（时间控制），从料斗加入的物料随着螺杆的转动被带至料筒前端，进行加热塑化，并建立一定压力。当螺杆头部熔料压力到达能克服注射缸活塞退回的阻力时，螺杆开始后退。后退到预定位置，即螺杆头部熔料达到所需注射量时，螺杆停止转动和后退，准备下一次注射。与此同时，在模腔内的制品冷却成型。

螺杆转动由预塑液压马达通过齿轮机构驱动。如图 8-25 所示，1YA、2YA、8YA、12YA 通电，泵 1 和泵 2 的压力油经电液换向阀 15 右位、旁通型调速阀 13 和单向阀 12 进入马达，马达的转速由旁通型调速阀 13 控制，溢流阀 4 为安全阀。当螺杆头部熔料压力

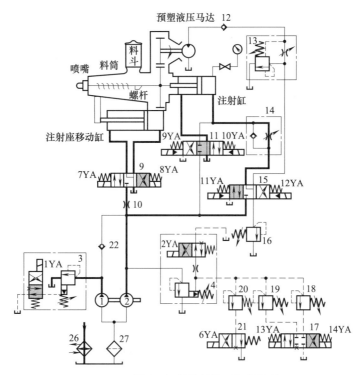

图 8-24　保压工况油路结构及油流路线

（数字编号见图 8-2）

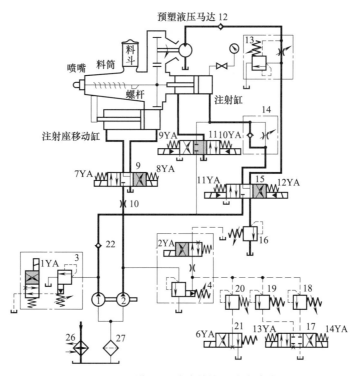

图 8-25　预塑工况油路结构及油流路线

（数字编号见图 8-2）

迫使注射缸活塞后退时，注射缸右腔油液经单向节流阀 14 的单向阀、电液换向阀 15 右位、背压阀 16 回油箱，其背压由阀 16 控制。同时，注射缸左腔产生局部真空，油箱的油液在大气压作用下经阀 11 中位进入其内。

（7）防流涎

当采用直通开敞式喷嘴时，预塑加料结束，要使螺杆后退一小段距离以减小料筒前端压力，防止喷嘴端部熔料流出。如图 8-26 所示，1YA 断电，2YA、8YA、9YA 通电，泵 1 卸荷，泵 2 压力油一方面经阀 9 右位进入注射座移动缸右腔，使喷嘴与模具保持接触，另一方面经阀 11 左位进入注射缸左腔，使螺杆强制后退。注射座移动缸左腔和注射缸右腔油液分别经阀 9 和阀 11 回油箱。

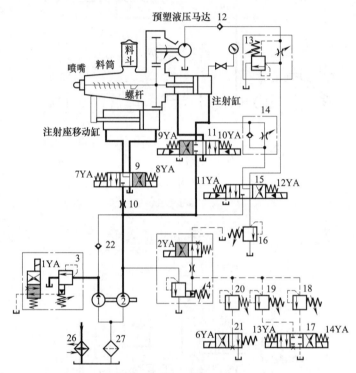

图 8-26 防流涎工况油路结构及油流路线

（数字编号见图 8-2）

（8）注射座后退

在安装调试模具或模具注射口堵塞需清理时，注射座要离开注塑机的定模座后退。1YA 断电，2YA、7YA 通电，泵 1 卸荷，泵 2 压力油经阀 9 左位使注射座后退。

（9）开模

开模速度一般为慢→快→慢，由行程开关控制。

① 慢速开模：1YA 断电，2YA、4YA 通电，泵 1 卸荷，泵 2 压力油经电液换向阀 5 左位进入合模缸右腔，左腔油液经阀 5 左位回油箱。

② 快速开模：1YA、2YA、4YA 通电，泵 1 和泵 2 合流向合模缸右腔供油，开模速度加快。

③ 慢速开模：1YA 断电，2YA、4YA 通电，泵 1 卸荷，泵 2 压力油经电液换向阀 5 左位进入合模缸右腔，左腔油液经阀 5 左位回油箱。

（10）顶出

① 顶出制品：1YA 断电，2YA、5YA 通电，泵 1 卸荷，泵 2 压力油经电磁换向阀 8 左位、单向节流阀 7 的节流阀进入顶出缸左腔，活塞右移，顶出杆顶出制品，其运动速度由单向节流阀 7 调节，溢流阀 4 为定压阀。

② 退回复位：1YA 断电，2YA 通电，泵 1 卸荷，泵 2 的压力油经阀 8 右位使顶出缸活塞左移。

8.5　构成注塑机液压系统的基本回路分析

8.5.1　双泵供油的快、慢速运动回路

图 8-27 所示为双泵供油的快、慢速运动回路，在本系统中用低压大流量泵 1 和高压小流量泵 2 组成的双联泵作动力源，可以实现快、慢速运动。在本系统合模缸快速合模、注射缸快速注射及预塑液压马达工作时，使 1YA、2YA 通电，低压大流量泵 1 的输出流量顶开单向阀 22，与泵 2 的流量汇合同时向系统供油，可实现其快速运动。当慢速工况时，使 1YA 断电，2YA 通电，泵 1 卸荷，高压小流量泵 2 单独向系统供油，可实现慢速大推力运动。大流量泵 1 卸荷，减少了动力消耗，提高了系统效率。

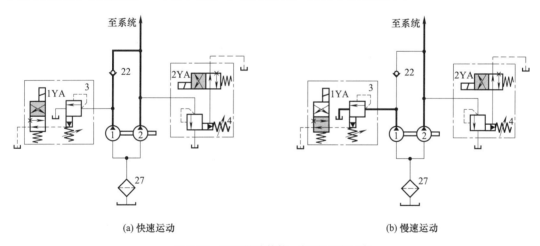

(a) 快速运动　　　　　　　　　　　　　　(b) 慢速运动

图 8-27　双泵供油的快、慢速运动回路

（数字编号见图 8-2）

8.5.2　进油节流调速回路

将调速元件串联在液压缸（或马达）的进油路上，用它来控制流入液压缸（或马达）的流量达到调速目的，定量泵多余油液通过溢流阀回油箱，这种回路称为进油节流调速回路。注塑机液压系统中，有三个子系统采用了进油节流调速回路，分别是顶出缸子系统、注射缸子系统和预塑液压马达子系统。

图 8-28 所示为顶出缸子系统中控制顶出缸顶出速度的进油节流调速回路。换向阀 8 左位接入，顶出缸顶出制品时的速度由单向节流阀 7 控制；电磁溢流阀 4 调定系统的工作压力。

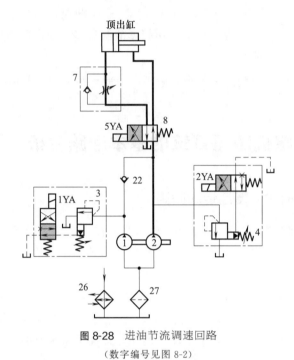

图 8-28 进油节流调速回路

（数字编号见图 8-2）

📖 知识扩展：进、回油节流调速回路的性能比较

（1）承受负值负载的能力

回油节流调速回路的节流阀使液压缸回油腔形成一定的背压，在负值负载时，背压能阻止工作部件的前冲，而进油节流调速由于回油腔没有背压，因而不能在负值负载下工作。

（2）停车后的启动性能

长期停车后液压缸油腔内的油液会流回油箱，当液压泵重新向液压缸供油时，在回油节流调速回路中，由于进油路上没有节流阀控制流量，会使活塞前冲；而在进油节流调速回路中，由于进油路上有节流阀控制流量，故活塞前冲很小，甚至没有前冲。

（3）实现压力控制的方便性

进油节流调速回路中，进油腔的压力将随负载而变化，当工作部件碰到挡块而停止后，其压力将升到溢流阀的调定压力，利用这一压力变化来实现压力控制是很方便的；但在回油节流调速回路中，只有回油腔的压力才会随负载而变化，当工作部件碰到挡块后，其压力将降至零，虽然也可以利用这一压力变化来实现压力控制，但其可靠性差，一般均不采用。

（4）发热及泄漏的影响

在进油节流调速回路中，经过节流阀发热后的液压油将直接进入液压缸的进油腔；而在回油节流调速回路中，经过节流阀发热后的液压油将直接流回油箱冷却。因此，发热和泄漏对进油节流调速的影响均大于对回油节流调速的影响。

（5）运动平稳性

在回油节流调速回路中，由于有背压存在，它可以起到阻尼作用，同时空气也不易渗入，而在进油节流调速回路中则没有背压存在，因此可以认为回油节流调速回路的运动平稳性好一些；但是，从另一个方面讲，在使用单出杆液压缸的场合，无杆腔的进油量大于有杆腔的回油量，故在缸径、缸速均相同的情况下，进油节流调速回路的节流阀通流面积较大，低速时不易堵塞，因此进油节流调速回路能获得更低的稳定速度。

为了提高回路的综合性能，一般常采用进油节流调速并在回油路上加背压阀的回路，使其兼具两者的优点。

8.5.3　远程调压及多级调压回路

图 8-29 所示为远程调压及多级调压回路。将电磁溢流阀 4 的远程控制口与三个远程调压阀 18、19、20 及两个电磁换向阀 17、21 相连，通过换向阀进行油路切换，从而获得多级供油压力。图 8-29 所示油路压力切换是阶跃式的，有一定的压力超调。远距离操纵可以采用电气或液控等方式，其中电气方式结构简单、控制方便，目前应用广泛。

8.5.4　卸荷回路

为了节能，本系统采用了电磁溢流阀的卸荷回路（图 8-30）。1YA 断电，泵 1 卸荷；2YA 断电，泵 2 卸荷。

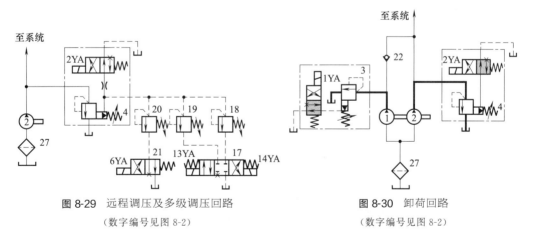

图 8-29　远程调压及多级调压回路
（数字编号见图 8-2）

图 8-30　卸荷回路
（数字编号见图 8-2）

8.5.5　换向回路

本系统的各个动作循环都采用了换向回路。合模缸由换向阀 5 换向，顶出缸由换向阀 8 换向，注射座移动缸由换向阀 9 换向，注射缸用换向阀 11、15 换向等。换向回路简单明了，不再单独分析，具体的油路结构如图 8-2 所示。

8.6 典型元件分析

8.6.1 旁通型调速阀

旁通型调速阀是一种压力补偿型流量阀，图 8-31 所示为其结构原理及图形符号。

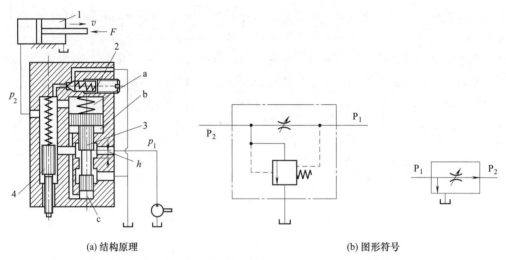

(a) 结构原理   (b) 图形符号

图 8-31 旁通型调速阀结构原理和图形符号

1—液压缸；2—安全阀阀芯；3—溢流阀阀芯；4—节流阀阀芯

从液压泵输出的油液一部分从节流阀 4 进入液压缸左腔推动活塞向右运动，另一部分经溢流阀的溢流口流回油箱，溢流阀阀芯 3 的上端 a 腔同节流阀阀芯 4 上腔相通，其压力为 p_2，b 腔和 c 腔同溢流阀阀芯 3 前的油液相通，其压力即为泵的压力 p_1，当液压缸活塞上的负载力 F 增大时，压力 p_2 升高，a 腔的压力也升高，使阀芯 3 下移，关小溢流口，这样就使液压泵的供油压力 p_1 增加，从而使节流阀阀芯 4 的前后压力差 $\Delta p(p_1-p_2)$ 基本保持不变。这种阀一般带一个安全阀阀芯 2，以避免系统过载。

旁通型调速阀是通过 p_1 随 p_2 的变化来使流量基本上保持恒定的，它与普通调速阀虽都具有压力补偿的作用，但其组成调速系统时是有区别的。普通调速阀无论在执行元件的进油路上还是回油路上，执行元件上负载变化时，泵出口处压力都由溢流阀保持不变；而旁通型调速阀是通过 p_1 随 p_2（负载的压力）的变化来使流量基本上保持恒定的。旁通型调速阀具有功率损耗低，发热量小的优点，但是旁通型调速阀中流过的流量比普通调速阀大（一般是系统的全部流量），阀芯运动时阻力较大，弹簧较硬，其结果使节流阀阀芯前后压力差 Δp 加大（需达 $0.3 \sim 0.5 \mathrm{MPa}$），因此其稳定性稍差。

8.6.2 先导式溢流阀

在注塑机液压系统中，液压泵 1 和液压泵 2 无论是调压还是卸荷，都是通过先导式溢流阀实现的。

图 8-32 所示为先导式溢流阀的结构原理。先导式溢流阀由先导阀和主阀构成。压力油

从 P 口进入，通过阻尼孔 3 后作用在先导阀阀芯 4 上，当进油口压力较低时，先导阀上的液压作用力不足以克服先导阀弹簧 5 的作用力时，先导阀关闭，没有油液流过阻尼孔 3，所以主阀阀芯 2 两端压力相等，在较软的主阀弹簧 1 作用下主阀阀芯 2 处于最下端位置，溢流阀阀口 P 和 T 隔断，没有溢流。当进油口压力升高到作用在先导阀上的液压力大于先导阀弹簧 5 的作用力时，先导阀打开，压力油就可通过阻尼孔 3 经先导阀流回油箱，由于阻尼孔 3 的作用，使主阀阀芯上端的液压力小于下端液压力，当这个压力差作用在主阀阀芯上的力超过主阀弹簧力、摩擦力和主阀阀芯自重的合力时，主阀阀芯开启，油液从 P 口流入，经 T 口流回油箱，实现溢流。

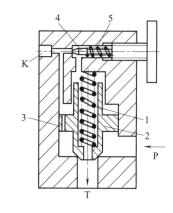

图 8-32　先导式溢流阀的结构原理
1—主阀弹簧；2—主阀阀芯；3—阻尼孔；
4—先导阀阀芯；5—先导阀弹簧

图 8-32 中的 K 口为远程控制口，其作用如下。

① 通过油管接到另一个远程调压阀，通过调节远程调压阀的弹簧力，即可调节溢流阀主阀阀芯上端的液压力，从而对溢流阀的溢流压力实行远程调压，远程调压阀所能调节的最高压力不得超过溢流阀本身先导阀的调整压力。

② 通过电磁换向阀外接多个远程调压阀，可实现多级调压。

③ 通过电磁换向阀将远程控制口 K 接通油箱，主阀阀芯上端的压力很低，系统的油液在低压下通过溢流阀流回油箱，实现卸荷。

转动旋钮，改变先导阀弹簧 5 的预压缩量，即可调节先导式溢流阀的开启压力。

先导式溢流阀的调压弹簧不是很硬，因此压力调整比较轻便，控制压力较高，但是先导式溢流阀只有先导阀和主阀都动作后才能起控制作用，因此反应不如直动式溢流阀灵敏。

 知识扩展：先导式溢流阀的典型应用

① 先导式溢流阀可以和换向阀及直动式溢流阀一起实现双级调压、多级调压；可以实现远程调压以及卸荷。

图 8-33 所示回路中，泵的出口可实现两种不同的系统压力控制，由先导式溢流阀 2 和直动式溢流阀 4 各调一级，但要注意，阀 4 的调定压力一定要小于阀 2 的调定压力，否则不能实现双级调压。

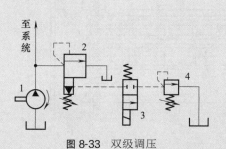

图 8-33　双级调压
1—液压泵；2—先导式溢流阀；3—换向阀；4—直动式溢流阀

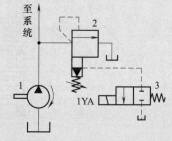

图 8-34　先导式溢流阀用于卸荷
1—液压泵；2—先导式溢流阀；3—电磁换向阀

② 先导式溢流阀用于卸荷。在图 8-34 所示卸荷回路中，用先导式溢流阀 2 调压，同时配合电磁换向阀 3 可以实现系统卸荷。

8.6.3 叶片马达

本系统中的预塑液压马达采用的是叶片马达，图 8-35 所示为叶片马达的工作原理。

当压力为 p 的油液从进油口进入叶片 1 和 3 之间时，叶片 2 因两面均受液压油的作用不产生转矩。叶片 1、3 上，一面作用有高压油，另一面为低压油。由于叶片 3 伸出的面积大于叶片 1 伸出的面积，因此作用于叶片 3 上的总液压力大于作用于叶片 1 上的总液压力，于是压力差使转子产生顺时针的转矩。同样道理，压力油进入叶片 5 和 7 之间时，叶片 7 伸出的面积大于叶片 5 伸出的面积，也产生顺时针转矩。这样，就把油液的压力能转变成了机械能，这就是叶片马达的工作原理。当输油方向改变时，液压马达就反转。

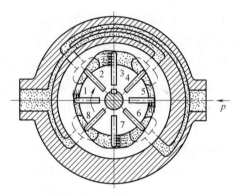

图 8-35 叶片马达的工作原理
1～8—叶片

当定子的长短径差值越大，转子的直径越大，以及输入的压力越高时，叶片马达输出的转矩也越大。

叶片马达的体积小，转动惯量小，因此动作灵敏，可适应的换向频率较高，但泄漏较大，不能在很低的转速下工作，因此叶片马达一般用于转速高、转矩小和动作灵敏的场合。

8.6.4 冷却器

液压系统的工作温度一般希望保持在 30～50℃ 的范围内，最高不超过 65℃，最低不低于 15℃，如果液压系统靠自然冷却仍不能使油温控制在上述范围内时，就必须安装冷却器。

注塑机液压系统采用了强制对流式多管冷却器，如图 8-36 所示。油液从进油口流入，

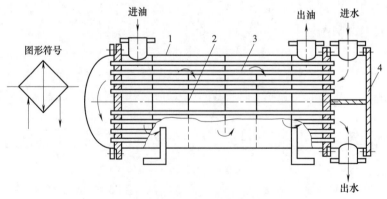

图 8-36 多管式冷却器
1—壳体；2—隔板；3—冷却水管；4—端盖

从出油口流出；冷却水从进水口流入，通过多根水管后由出水口流出。油液在水管外部流动时，其路线因冷却器内设置了隔板而加长，因而增加了热交换效果。

8.7　液压系统特点

① 为保证足够的合模力，防止高压注射时模具开缝产生塑料溢边，该注塑机采用了液压-机械增力合模机构。

② 根据塑料注射成型工艺，模具的启闭过程和塑料注射的各阶段速度不一样，而且快、慢速之比可达 $50\sim100$，为此，该注塑机采用了双泵供油系统，快速时双泵合流，慢速时泵 2 供油，泵 1 卸荷，系统功率利用比较合理。

③ 系统所需多级压力，由多个并联的远程调压阀控制。

④ 注塑机的多执行元件的循环动作主要依靠行程开关按事先编程的顺序完成。这种方式灵活、方便。

近年来越来越多地采用比例阀和变量泵改进注塑机的液压系统，便于实现远控、程控，提高了效率，也为实现计算机控制创造了条件。

参考文献

［1］ 高殿荣，王益群. 液压工程师技术手册. 2版. 北京：化学工业出版社，2015.

［2］ 张应龙. 液压与气动识图. 北京：化学工业出版社，2017.

［3］ 徐瑞银，苏国秀. 液压气压传动与控制. 北京：机械工业出版社，2014.

［4］ 宋锦春. 液压与气压传动. 3版. 北京：科学出版社，2014

［5］ 左健民. 液压与气压传动. 北京：机械工业出版社，2016.

［6］ 向东，李松晶. 轻松看懂液压气动系统原理图. 北京：化学工业出版社，2020.

［7］ 宁辰校. 液压与气动技术. 北京：化学工业出版社，2017.